ÁGUA,
UM DIREITO HUMANO

Gabriela Rodrigues Saab Riva

ÁGUA,
UM DIREITO HUMANO

Dados Internacionais de Catalogação na Publicação (CIP)
(Câmara Brasileira do Livro, SP, Brasil)

Riva, Gabriela R. Saab
Água, um direito humano / Gabriela R. Saab Riva. – São Paulo :
Paulinas, 2016. – (Coleção cidadania)

ISBN 978-85-356-4086-1

1. Direito de águas 2. Direito internacional 3. Direitos humanos
4. Meio ambiente I. Título. II. Série.

16-00122   CDU-347.247

Índice para catálogo sistemático:
1. Direito de águas   347.247

1ª edição – 2016

Direção-geral: *Bernadete Boff*
Editora responsável: *Andréia Schweitzer*
Copidesque: *Ana Cecilia Mari*
Coordenação de revisão: *Marina Mendonça*
Revisão: *Simone Rezende*
Gerente de produção: *Felício Calegaro Neto*
Projeto gráfico: *Manuel Rebelato Miramontes*
Editoração eletrônica: *Jéssica Diniz Souza*

Nenhuma parte desta obra poderá ser reproduzida ou transmitida
por qualquer forma e/ou quaisquer meios (eletrônico ou mecânico,
incluindo fotocópia e gravação) ou arquivada em qualquer sistema de
banco de dados sem permissão escrita da Editora. Direitos reservados.

Paulinas
Rua Dona Inácia Uchoa, 62
04110-020 – São Paulo – SP (Brasil)
Tel.: (11) 2125-3500
http://www.paulinas.org.br – editora@paulinas.com.br
Telemarketing: 0800-7010081
© Pia Sociedade Filhas de São Paulo – São Paulo, 2016

Dedico este livro à memória de Antonio, Pedro, Claudemir, Maria das Graças, Maria Elisa, Daniel, Edinaldo, Mateus, Samuel, Marcos Aurélio, Marcos, Thiago, Emanuely, Waldemir, Sileno, Claudio, Vando, Ailton e Edmirson, além de tantos outros que, apesar de terem sobrevivido à maior catástrofe ambiental da história do Brasil, ainda sofrem com a falta de acesso à água na região de Mariana, em Minas Gerais.

Agradecimentos

Agradeço, antes de tudo, às minhas queridas mães. Minha mãe de sangue, Rosy Rodrigues, pelo amor e apoio incondicionais. E minha mãe de consideração e exemplo de vida, Maria Aparecida Leite (Isa), por sua paciência, perseverança e, principalmente, pelo carinho de sempre.

Agradeço também ao meu pai, Adnan Saab, pelo carinho e por celebrar comigo cada conquista como se dele fosse.

Meus profundos agradecimentos à incansável Catarina de Albuquerque, pelo incentivo à publicação desta obra e também por sua incessante luta pelo acesso universal à água e ao saneamento.

Agradeço à minha eterna orientadora, Professora Cláudia Perrone-Moisés, por sua confiança, convivência e, especialmente, pela oportunidade de seguir seus passos como docente. Estendo meus agradecimentos à Professora Tarin Mont'Alverne, por sua postura respeitosa e construtiva, assim como pelo incentivo à publicação desta obra.

Agradeço, ainda, ao meu parceiro de pesquisa, de docência e da vida, Sandor Rezende, à sua incrível esposa Andreia Schweitzer e ao nosso pequeno João Pedro. Obrigada por estarem sempre acompanhando minha jornada.

À Dra. Suzana Magalhães Maia, meu muito obrigada pelo apoio, pelos diversos *insights* e por me ajudar a trilhar meu caminho de forma consciente e verdadeira.

Finalmente, meus agradecimentos especiais ao meu marido, Fabio Riva, pela dose diária de amor, de paciência e de muito bom humor.

Gabriela Rodrigues Saab Riva

Sumário

Siglas 11

Prefácio 13

Introdução 17

Capítulo 1 – O direito à água e o Direito Internacional Público 43
    Meio ambiente e direitos humanos: considerações teóricas..... 48
    O direito Internacional do Meio Ambiente 69
    O direito Internacional dos Direitos Humanos 75

Capítulo 2 – Características e implicações do direito à água 117
    Modelos nacionais 117
    Características do direito à água 129
    Implicações do direito à água 150

Capítulo 3 – Existência e natureza jurídica 161
    O reconhecimento explícito e implícito 162
    O reconhecimento derivado e independente 168
    A Convenção Azul 175
    O aspecto ambiental 179

Capítulo 4 – O direito à água no Brasil 185

Conclusão 193

Referências bibliográficas 205

Anexos 217

Siglas

ACDH – Alto Comissariado para os Direitos Humanos
ANA – Agência Nacional de Águas
CADHP – Comissão Africana de Direitos do Homem e dos Povos
CE – Conselho da Europa
CEDAW – Convenção sobre a Eliminação de Todas as Formas de Discriminação contra a Mulher
CEDH – Corte Europeia de Direitos Humanos
CEDS – Comitê Europeu de Direitos Sociais
CIDH – Comissão Interamericana de Direitos Humanos
CIJ – Corte Internacional de Justiça
COHRE – Centre on Housing Rights and Evictions
DIDH – Direito Internacional dos Direitos Humanos
DIMA – Direito Internacional do Meio Ambiente
FAO – Food and Agriculture Organization of the United Nations
GWP – Global Water Partnership
ILA – International Law Association
IPCC – Intergovernmental Panel on Climate Change
MMA – Ministério do Meio Ambiente.
OEA – Organização dos Estados Americanos
OMC – Organização Mundial do Comércio
OMS – Organização Mundial da Saúde
ONU – Organização das Nações Unidas
PEC – Projeto de Emenda Constitucional
PNUMA – Programa das Nações Unidas para o Meio Ambiente
UA – União Africana
UNICEF – United Nations Children's Fund
WHO – World Health Organization

Prefácio

É com grande satisfação que escrevo estas palavras sobre a obra de Gabriela Rodrigues Saab Riva, professora e pesquisadora entusiasta que tive a oportunidade de conhecer por ocasião do precioso e incondicional apoio que me deu em minhas funções como Relatora Especial da Organização das Nações Unidas sobre o Direito à Água e Saneamento, mais concretamente no contexto da preparação de minha recente visita oficial ao Brasil.

Apesar de jovem, a autora conta com um percurso acadêmico de excelência, seja em suas atividades na Universidade de São Paulo, seja em suas passagens pelo Institut d'Études Politiques (Sciences Po), em Paris, França, e pela Université Catholique de Louvain, na Bélgica.

O presente trabalho é, em grande medida, resultado de suas investigações acadêmicas no Brasil e na Europa. Mais especificamente, esta obra atualiza e amplia a dissertação de mestrado defendida pela autora na Faculdade de Direito da USP em 2014.

É patente na obra ora prefaciada a habilidade de pesquisa e o agudo interesse da autora pelas discussões teóricas e práticas relacionadas ao direito humano à água. Posso afirmar, pois, que este livro contribui de maneira substancial para o enriquecimento da doutrina brasileira – e também para a doutrina em língua portuguesa como um todo – sobre esse tema de inegável importância e de cada vez maior atualidade.

A água é um recurso vital, sem o qual a humanidade não sobrevive e não se desenvolve. Tal fato, apesar de incontroverso, parece não ter sido levado em consideração durante séculos – talvez por as ameaças serem menores do que hoje em dia –, até que recentemente a comunidade internacional passou a observar as implicações negativas das atividades humanas para o ciclo hidrológico, além da relação intrínseca entre a falta de acesso à água e ao saneamento, a pobreza, a falta de educação e os problemas de saúde, bem como outras violações de direitos humanos.

Estima-se que até 2025 mais de 1,8 bilhão de pessoas estarão vivendo em países e regiões com absoluta escassez hídrica, enquanto dois terços da população mundial serão submetidos a condições de estresse hídrico.[1]

À crise hídrica mundial somam-se preocupações em âmbito nacional e até regional, como é o caso da crise hídrica enfrentada atualmente pelo Estado de São Paulo, no Brasil, onde a autora reside e desenvolve suas atividades acadêmicas. Realizei recentemente uma visita à região e pude constatar *in loco* o nível crítico das reservas hídricas, bem como os diversos problemas existentes no sistema de abastecimento de água. Com efeito, as reflexões presentes nesta obra sobre os benefícios e as implicações do reconhecimento do direito à água parecem-me extremamente úteis também para aqueles que pretendem pesquisar, planejar e executar as medidas de médio e longo prazo para a solução da crise hídrica no Estado de São Paulo.

Já há muito tempo venho defendendo que o adequado planejamento e financiamento do setor do saneamento básico que tenha em conta os princípios fundamentais de direitos humanos e o conteúdo legal do direito à água e saneamento são medidas indispensáveis para a realização plena destes direitos.

Afirma Gabriela, com quem concordo plenamente, que devem ser priorizados os critérios de sustentabilidade na

---

[1] UN-WATER, Water Scarcity factsheet 2013. Disponível em: <http://www.unwater.org/publications/publications-detail/en/c/204294>. Acesso em: 18/10/2014.

gestão e na preservação da água, assim como a garantia de acesso democrático a esse recurso. De fato, é papel do poder público e de suas concessionárias valorizar a água como um bem precioso e escasso, planejando e gerindo esse recurso em tempos de abundância hídrica, reutilizando a água tratada e, acima de tudo, priorizando o consumo humano e doméstico em detrimento de outras atividades. Tudo isso necessariamente decorre, nos planos prático e teórico, da existência e do reconhecimento do direito humano à água.

Nesse sentido, sem descuidar do rigor acadêmico, esta obra traz em linguagem acessível um interessante estudo da relação entre os direitos humanos e o direito ambiental no campo jurídico internacional, dois ramos de extremo relevo para a melhor compreensão do direito à água. Nesse aspecto, a autora analisa uma série de estudos teóricos interdisciplinares para concluir que existem precoces elementos do direito à água nos documentos ambientais da década de 1970.

Na sequência, Gabriela volta-se de forma minuciosa à análise do tratamento do direito à água pelos diversos documentos jurídicos e pelas jurisdições de proteção aos direitos humanos, entre elas a Corte Europeia de Direitos Humanos, a Comissão Africana de Direitos do Homem e dos Povos e a Corte Interamericana de Direitos Humanos. É de se notar, no referido estudo, que a jurisprudência de tais órgãos e as decisões e recomendações de órgãos quase judiciais corroboram a tese de diversos especialistas internacionais, entre os quais me incluo, no sentido de que se deve buscar maior positivação e efetivação do direito à água e ao saneamento adequados nos âmbitos internacional, regional e local.

O estudo desenvolvido pela autora é, então, complementado por uma análise comparativa dos modelos indiano, sul--africano e argentino de proteção ao direito à água. A escolha e o aprofundamento do estudo de tais modelos permitem ao leitor uma percepção mais clara e pragmática das características desse direito humano, auxiliando na avaliação das implicações de seu reconhecimento pelos Estados e pela comunidade internacional. É de se lembrar, conforme salienta Gabriela, que o direito humano à água foi recentemente reconhecido de forma explícita pela ONU, tendo vindo em paralelo a ser também reconhecido por diversos ordenamentos regionais e nacionais.

Cuida este livro, portanto, de uma abordagem didática e aprofundada de um assunto ao qual tenho me dedicado há vários anos, sempre com a intenção de incluí-lo na pauta das discussões nacionais e internacionais. É nesse contexto que encaro este estudo, cujo potencial transformador ganha relevância diante do quadro de estresse hídrico enfrentado pela região de atuação da autora.

Parabenizo, pois, a professora Gabriela, primeiramente por sua decisão de pesquisar sobre tão importante tema e, de forma ainda mais efusiva, pelo brilhante trabalho que ora publica. Desejo, acima de tudo, que sua valiosa obra possa fomentar na opinião pública brasileira a percepção de que, ao lado de outros direitos humanos já consagrados, o acesso à água e ao saneamento adequados é fundamental para a garantia de condições mínimas de vida. Assim, deve ser positivado, planejado e oferecido à população sob o manto de um verdadeiro direito humano.

Catarina de Albuquerque[2]

---

[2] Primeira Relatora Especial da ONU sobre o Direito à Água e ao Saneamento, função que exerceu entre 2008 e 2014. É mestre em Relações Internacionais pelo Institut Universitaire de Hautes Études Internationales, de Genebra, Suíça, e licenciada em Direito pela Universidade de Lisboa, Portugal. Dentre suas diversas atividades como Relatora Especial da ONU, organizou missões oficiais com o objetivo de constatar o cumprimento e as violações do direito humano à água e ao saneamento, além de elaborar e apresentar, aos diversos órgãos da organização, estudos e relatórios sobre temas relacionados a seu mandato. Atualmente é presidente executiva do Conselho de Administração da Parceria Global Sanitation and Water for All.

Introdução

"Temos uma grave dívida social
para com os pobres que não têm acesso
à água potável, pois estamos negando-lhes
o direito à vida radicado
na sua dignidade inalienável."
(Papa Francisco)

O vocábulo água tem origem no latim aqua e significa "líquido sem cor, cheiro ou sabor, essencial à vida".[1] A água é um dos principais recursos naturais presentes na biosfera, sendo imprescindível para o processo contínuo e equilibrado de reprodução das diferentes formas de vida. A escassez ou o excesso de água podem causar desequilíbrios nos processos naturais: sem água em quantidade e de qualidade adequadas, os ecossistemas não se conservam, o que coloca em risco a sobrevivência das espécies que deles dependem, inclusive a da espécie humana.

O corpo humano é constituído, em média, por 70% de água,[2] motivo pelo qual dependemos diretamente desse recurso para a manutenção de nossas funções vitais. Além disso, o homem lança mão da água para realizar algumas

---

[1] FERREIRA, Aurélio Buarque de Holanda. *Novo Dicionário Aurélio da Língua Portuguesa*. 3. ed. Curitiba: Positivo, 2004. p. 73.

[2] RIBEIRO, W. C. *Geografia política da água*. São Paulo: Annablume, 2008. p. 23.

atividades essenciais, entre elas a preparação de alimentos, a higiene pessoal e doméstica, assim como atividades econômicas e comerciais.

A água necessária para essas atividades humanas, chamada "água doce", é um recurso raro na natureza, o que não significa dizer, conforme por vezes se defende, que esse recurso esteja acabando. Isso porque o volume de água existente no planeta mantém-se basicamente o mesmo – em média, 1.400 milhões de km^3 –, já que as moléculas de água são constantemente recicladas pelo ciclo hidrológico natural. Apesar disso, é fundamental observar que 97,5% da água disponível no planeta é salgada, enquanto a maior parte da água doce encontra-se em regiões de difícil acesso, como os picos de gelo permanentes ou os aquíferos subterrâneos, restando apenas 0,01% – ou 200 mil km^3 – de água doce disponível para uso humano.[3]

Portanto, a despeito da capacidade de renovação do ciclo hidrológico e da manutenção da quantidade de água presente no planeta, a água não pode ser considerada um recurso ilimitado e abundante. A preocupação no tocante à disponibilidade de água no planeta ganha ainda mais importância quando se observa que a distribuição geográfica da água doce na superfície terrestre é assimétrica, pois depende de processos naturais de ordem climática – temperatura, índice pluviométrico, circulação atmosférica – e geológica – formação dos solos e cobertura vegetal –, os quais se manifestam de forma desigual. Por isso, algumas regiões do globo, independentemente de seu nível de desenvolvimento, encontram-se

---

[3] UNITED NATIONS ENVIRONMENT PROGRAMME. GEO-3: Global Environment Outlook, State of the Environment and Policy Retrospective: 1972-2002. p. 150. Disponível em: <http://www.unep.org/geo/geo3/english/index.htm>. Acesso em: 21/12/2013.

naturalmente em posição de estresse hídrico, como é o caso da Austrália, dos países da África Subsaariana e, em especial, de países do Oriente Médio. Por vezes, podem ser observadas diferenças importantes na disponibilidade hídrica até mesmo entre regiões de um mesmo país, como ocorre no Brasil.[4]

As desigualdades relacionadas à disponibilidade de água doce no mundo e à distribuição do recurso pelo globo constituiriam, por si sós, motivo suficiente para que a comunidade internacional se preocupasse com uma melhor governança global e regional da água. Como se isso não bastasse, às causas naturais da escassez hídrica somam-se causas humanas que prejudicam a capacidade de renovação do ciclo hidrológico, contribuindo para a diminuição das reservas de água doce no mundo. Dentre elas, podemos citar: a poluição das águas superficiais e subterrâneas; a extração não sustentável das águas subterrâneas; o aumento exponencial da população global; a tendência ao consumo excessivo de produtos que exigem quantidades cada vez maiores de água; o crescimento urbano acelerado, que dificulta o escoamento de água das chuvas e a evaporação das águas presentes no solo; o aumento da atividade agrícola, que demanda grande quantidade de água;[5] e, por fim, mas não menos importante, o desflorestamento, que ocasiona diminuição da cobertura vegetal e mudanças nos processos de penetração e evaporação da água do solo.

---

[4] Cf. capítulo 4, infra, p. 185.

[5] A agricultura consome 92% do "blue print", índice criado para medir a escassez de água proveniente de rios e do subsolo, enquanto o uso doméstico e a produção industrial são responsáveis pela utilização de 8% dos recursos hídricos. Cf. HOEKSTRA, A. Y.; MEKONNEN, M. M.; CHAPAGAIN, A. K.; MATHEWS, R. E.; RICHTER, B. D. (2012). *Global Monthly Water Scarcity: Blue Water Footprints versus Blue Water Availability*. PLoS ONE 7(2): e32688.doi:10.1371/journal. pone.0032688, pp. 1-9, especialmente p. 3. Disponível em: <http://www.ploso ne.org/article/info%3Adoi%2F10.1371%2Fjournal.pone.0032688#references>. Acesso em: 10/1/2014.

Assim, diversas ações antrópicas, especialmente relacionadas ao modelo de consumo, de descarte da água e de uso do solo, têm influenciado negativamente a disponibilidade da água e contribuído para o que os especialistas chamam de "crise hídrica global".

Cumpre mencionar que, no campo tecnológico, diversas são as pesquisas que buscam fornecer soluções aos problemas de disponibilidade e acesso à água, seja por meio da elaboração de máquinas que fabricam água,[6] seja por meio de técnicas de transporte, limpeza e reutilização dos recursos hídricos. Evoluções nessas áreas são extremamente bem-vindas e devem ser incentivadas. Todavia, essas evoluções não podem servir de desculpa para mitigar a conscientização quanto ao uso sustentável da água, verdadeira solução a longo prazo para garantir a constante renovação do ciclo hidrológico e o acesso democrático a esse bem indispensável para a vida humana.

A globalidade da crise hídrica

Especialistas afirmam que vivemos em meio a uma crise hídrica global, que tem sido agravada por dificuldades de caráter social, econômico e político. Tais dificuldades,

---

[6] Em 2014, em meio à crise hídrica do Estado de São Paulo, o engenheiro Pedro Ricardo Paulino criou e patenteou a Waterair, uma máquina que produz água condensando a umidade do ar, o que foi visto por muitos como uma possível solução para a falta d'água. Contudo, o custo da máquina, assim como da energia elétrica necessária para fabricá-la, é elevado, o que dificulta o seu acesso por parte de grande parte da população. Além disso, sequestrar a umidade presente no ar não parece, tampouco, uma solução que leve em consideração a dinâmica do ciclo hidrológico, pois, se utilizada em larga escala, essa tecnologia poderia influenciar negativamente o nível de precipitações de uma dada região, provocando ainda mais estresse hídrico. SOUZA, Felipe. Engenheiro de São Paulo inventa máquina que "fabrica" água. São Paulo, *Folha de S.Paulo*, Cotidiano, 12 out. 2014. Disponível em: <http://www1.folha.uol.com.br/cotidiano/2014/10/1531155-engenheiro-de-sao-paulo-inventa-maquina-que-fabrica-agua.shtml>. Acesso em: 1/11/2014.

enfrentadas por diversos países, influenciam de forma direta o acesso à água de qualidade e em quantidade suficiente, em especial pelas populações vulneráveis e marginalizadas.

Uma série de dados relativos aos problemas de acesso à água e aos serviços básicos a ela relacionados, entre eles o saneamento, demonstram a gravidade da situação e a globalidade da crise.

Nessa linha, a Organização Mundial da Saúde (OMS) constatou que mais de 663 milhões de pessoas, cerca de um sétimo da população mundial, ainda não possuem acesso à água adequada; mais alarmante ainda é o dado relativo às pessoas privadas de acesso ao saneamento adequado, a saber: 2,4 bilhões de pessoas, cerca de 40% da população mundial.[7] Como resultado, mais de 6 mil crianças morrem diariamente devido a doenças transmitidas por água de qualidade inadequada para consumo ou contaminada por dejetos domésticos, notadamente em decorrência de complicações relacionadas à diarreia e à cólera.[8]

Não se pode ignorar que importantes progressos foram alcançados pela comunidade internacional, especialmente quanto ao acesso à água potável. Uma importante conquista nesse sentido ocorreu em 2012, quando a comunidade internacional, impulsionada pela Declaração do Milênio de 2000, alcançou a meta global que estipulava que ao menos 88% da população mundial deveria contar com acesso adequado à

---

[7] UNICEF-WHO, Progress on sanitation and drinking water – 2015 update and MDG assessment, pp. 4-5. Disponível em: <http://www.unicef.org/publications/files/Progress_on_Sanitation_and_Drinking_Water_2015_Update_.pdf>. Acesso em: 12/12/2015.

[8] UNITED NATIONS CHILDREN'S FUND-UNICEF. *Fact sheet – Child Survival Fact Sheet: Water and Sanitation.* New York. Disponível em: <http://www.unicef.org/media/media_21423.html>. Acesso em: 12/12/2015.

água. Na prática, no período de 1990 a 2012, ao menos 2,3 bilhões de pessoas foram contempladas com esse acesso adequado à água.[9]

Não obstante, a meta estabelecida pela Declaração do Milênio no tocante ao acesso ao saneamento adequado, que estabelecia que ao menos 77% da população mundial deveria usufruir desse serviço até 2015, não foi alcançada. A última medição revelou que apenas 68% da população mundial tem acesso a saneamento adequado.[10] Esses dados demonstram certa negligência da comunidade internacional quanto a esse aspecto do direito à água, reforçando a necessidade de medidas específicas e urgentes para atacar o problema.[11]

Com efeito, a utilização de saneamento adequado é um componente importante do acesso à água segura e desprovida de riscos à saúde, o que se mostra ainda mais relevante se considerarmos que, segundo estimativas da OMS, aproximadamente metade dos leitos de hospital nos países em desenvolvimento é ocupada por pacientes contaminados por doenças associadas à falta de saneamento adequado.[12]

---

[9] WORLD HEALTH ORGANIZATION-WHO. *Progress on Driking Water and Sanitation – 2014 update*. World Health Organization. UNICEF, 2014, p. 7. Disponível em: <http://www.who.int/water_sanitation_health/publications/2014/jmp-report/en/>. Acesso em: 4/11/2014.

[10] UNICEF-WHO. *Progress on sanitation and drinking water – 2015 update and MDG assessment*, p. 5. Disponível em: <http://www.unicef.org/publications/files/Progress_on_Sanitation_and_Drinking_Water_2015_Update_.pdf>. Acesso em: 12/12/2015.

[11] Meta 19 da Declaração do Milênio da ONU (A/RES/55/2, 18 de setembro de 2000). Disponível em: <http://www.un.org/millennium/declaration/ares552e.pdf>. Acesso em: 21/12/2013.

[12] COSGROVE, Catherine E.; COSGROVE, William J. *Global Water Futures 2050*: The Dynamics of Global Water Futures Driving Forces 2011-2050. United Nations World Water Assessment Programme. UNESCO, 2012, p. 16. Disponível em: <http://unesdoc.unesco.org/images/0021/002153/215377e.pdf>. Acesso em: 5/1/2014.

Além desses, diversos outros dados demonstram que, não obstante as evoluções citadas, a falta de acesso à água e ao saneamento, aliada à crise hídrica, adquire proporções globais, afetando parcela considerável da humanidade. Como fator agravante dessa situação, há de se considerar que a escassez da água ou sua má gestão em determinada região do mundo podem ocasionar efeitos indiretos sobre outras regiões. Exemplo disso é o crescimento dos fluxos de refugiados ambientais, categoria jurídica recentemente cunhada, ainda que de forma não oficial,[13] para definir o movimento de pessoas que fogem de catástrofes naturais e outros problemas ambientais à procura de condições mínimas de sobrevivência.

Com efeito, o ciclo hidrológico não respeita as fronteiras artificiais criadas pelos Estados, do que decorre que os problemas hídricos restam necessariamente compartilhados pela comunidade internacional. Uma mesma bacia hidrográfica ou um mesmo aquífero podem ser compartilhados por diversos países. Atualmente, contam-se 263 bacias transfronteiriças que percorrem 145 países, das quais 19 banham pelo menos 5 nações *cada*.[14] Assim, as escolhas políticas relacionadas à utilização e à conservação da água em determinado país acabam por afetar a

---

[13] O conceito clássico de refugiado, cunhado pela Convenção de Genebra sobre os Direitos dos Refugiados de 1951, é baseado no critério da perseguição política, étnica ou religiosa, não permitindo a atribuição do status de refugiado a pessoas que foram obrigadas a sair de sua região ou de seu país em decorrência de fatores climáticos. Diante dessa lacuna normativa, já vem sendo elaborado o Projeto de Convenção Internacional pelo Estatuto de Deslocados Ambientais, o qual é encabeçado pelo jurista francês Michel Prieur e recebe o apoio de parcela importante da comunidade internacional. *Draft Convention On The International Status Of Environmentally Displaced Persons*, 2nd version, May 2010. Disponível em: <http://www.cidce.org/pdf/Draft%20Convention%20on%20the%20International%20Status%20on%20environmentally%20displaced%20persons%20(second%20version).pdf>. Acesso em: 2/4/2013.

[14] D'ISEP, Clarissa Ferreira Macedo. *Água juridicamente sustentável*. São Paulo: Revista dos Tribunais, 2010. p. 36.

disponibilidade hídrica e o ciclo hidrológico de países vizinhos, e, em última análise, influenciar o ciclo hidrológico global.

Outro fator que demonstra o viés internacional das questões ligadas à água pode ser observado nas recentes discussões a respeito da exportação da chamada "água virtual", conceito que indica a quantidade de água utilizada na produção de um serviço ou mercadoria. Análises sobre esse tema, conduzidas especialmente com foco na produção alimentícia, demonstram que a produção de alguns gêneros agrícolas, entre eles os cereais, e de produtos de origem animal, como a carne bovina, demandam grandes quantidades de água. Com a intensificação do comércio internacional de produtos alimentícios, os países que figuram como grandes exportadores desses produtos acabam exportando água virtualmente, ao mesmo tempo em que países importadores economizam a água que utilizariam na produção desses alimentos. Alguns Estados que se preocupam com a disponibilidade de água em seus territórios já atentaram para esse fator e, ao invés de produzir, passaram a importar produtos que demandam grande quantidade de água.[15]

Obviamente, nem todos os países possuem condições de tomar esse tipo de decisão apenas com vistas a economizar água, o que se mostra especialmente verdadeiro no caso dos países em desenvolvimento, muitos dos quais baseiam suas atividades econômicas na exportação de produtos primários. Um exemplo claro desse fenômeno ocorre no Marrocos, país que se encontra em constante estresse hídrico e tem

---

[15] Para maiores informações sobre as discussões relativas ao conceito de água virtual, consultar: RENAULT, Daniel. *Value of Virtual Water in Food: Principles and Virtues*. Paper presented at the *UNESCO-LHE Workshop On Virtual Water Trade*, 12-13 December 2002, Delft, The Netherlands, Land and Water Development Division (AGL), Food And Agriculture Organization of the United Nations. Disponível em: <http://www.unesco.ch/fr/l-unesco/programme-de-science/eau/eau-virtuelle.html>. Acesso em: 23/12/2013.

dificuldades de prover água até mesmo para satisfação das necessidades pessoais e domésticas de sua população, mas que continua a perder água virtual em decorrência da exportação de frutas e legumes, os quais são considerados exóticos e muito apreciados em países desenvolvidos.[16]

Ainda outro exemplo relacionado à água virtual, a exportação de flores pelo Quênia, notadamente destinada a suprir a demanda europeia, dobrou nos últimos 15 anos.[17] Levando-se em consideração que uma única rosa consome em média 10 litros de água para ser cultivada, e que esse cultivo em massa contribui substancialmente para a escassez de água em outras atividades, a exportação de água virtual pelo Quênia também preocupa especialistas da área.[18]

Essa discussão sobre a importação e a exportação de água virtual, somada às características internacionais do ciclo hidrológico e à intensificação dos movimentos migratórios em decorrência dos problemas hídricos, reforça ainda mais o caráter global da crise hídrica e a necessidade de que a comunidade internacional se debruce sobre o tema para encontrar soluções em escala mundial, sem prejuízo das medidas a serem tomadas a nível nacional e local.

---

[16] Adicionalmente à exportação virtual de água por meio da exportação de frutas e legumes, o Marrocos ainda desperdiça parte importante de seus recursos hídricos no atendimento de demandas turísticas de luxo (duchas, banheiras e piscinas de hotéis). Cf. MORIN, Edgar. *La Voie: pour l'avenir de l'humanité*. Paris: Fayard, 2011. pp. 152-153.

[17] A exportação de flores quenianas destina-se essencialmente a suprir a demanda de três países: Holanda (69%), Reino Unido (18%) e Alemanha (7%). VISSER, Wayne. Water footprints: lessons from Kenya's floriculture sector. *Guardian Professional (The Guardian)*, 20 ago. 2012. Disponível em: <http://www.theguardian.com/sustainable-business/water-footprints-lessons-kenya-floriculture>. Acesso em: 12/12/2013.

[18] MEKONNEN, M. M.; HOEKSTRA, A. Y. *Mitigating the water footprint of export cut flowers from the Lake Naivasha Basin, Kenya*. Value of Water Research Report Series n. 45, UNESCO-IHE, Delft, the Netherlands, 2010.

A crise hídrica e as mudanças climáticas

Outro importante fator que atribui características globais à crise hídrica é a sua relação simbiótica com as mudanças climáticas. O aquecimento global, como fenômeno natural intensificado pela ação antrópica, vem causando mudanças climáticas intensas que desequilibram os processos naturais de precipitação, absorção e evaporação da água. Como resultado, verifica-se um aumento significativo de enchentes, deslizamentos, secas e desertificação, além da intensificação de fenômenos naturais em larga escala – como ciclones e furacões, entre outros – e, mais claramente, da inconteste elevação do nível médio do mar.

Todos esses fenômenos prejudicam a oferta de água doce, agravando o desequilíbrio hídrico e os problemas relacionados ao acesso à água. Nesse sentido, o Painel Intergovernamental sobre Mudanças Climáticas (*Intergovernmental Panel on Climate Change* – IPCC), respeitado grupo de especialistas independentes cuja função é realizar estudos e prover informações técnicas sobre as mudanças climáticas e suas consequências socioeconômicas, prevê que as mudanças climáticas intensificarão os problemas ligados à disponibilidade hídrica e à preservação do ciclo hidrológico, ao provocarem um aumento substancial de enchentes em alguns pontos do planeta, com a consequente contaminação massiva das fontes de água e a disseminação de doenças. Ao mesmo tempo, em outras regiões essas mudanças climáticas deverão provocar longas secas, que darão causa à desertificação e obrigarão indivíduos a migrar em busca de água.[19]

---

[19] INTERGOVERNMENTAL PANEL ON CLIMATE CHANGE-IPCC. *Climate Change 2014: Impacts, Adaptation, and Vulnerability*, p. 234. Disponível em:

De fato, após grandes enchentes ou secas, a relação entre demanda e oferta de água e de saneamento adequado torna-se muito mais crítica, o que prejudica especialmente populações carentes de países menos desenvolvidos.[20] Isso porque esses países normalmente não contam com infraestrutura – sistema de alerta, organização social e estrutura médica – e tecnologias suficientes para se adaptarem às novas condições, em especial aos efeitos das catástrofes ambientais.

Ainda sobre os efeitos das mudanças climáticas no mapa da disponibilidade hídrica, cabe esclarecer que, ao contrário do que se cogitou inicialmente, o derretimento dos picos gelados e das geleiras ocasionado pelo aquecimento global não aumenta a disponibilidade de água doce. Isso porque, ao invés de nutrir paulatinamente os rios e as reservas d'água, conforme se verifica em condições normais, o derretimento acelerado causado pelo aquecimento da atmosfera terrestre faz a água escoar rapidamente pelos planaltos e evaporar antes mesmo de atingir os rios. É o que vem ocorrendo, por exemplo, nos países andinos, extremamente dependentes da água proveniente do derretimento dos picos gelados para abastecer a população. De maneira similar, o derretimento das geleiras resultante do aquecimento global também não contribui para o aumento da reserva mundial de água doce, uma vez que a água doce mistura-se rapidamente à água salgada do mar.

<http://www.ipcc.ch/pdf/assessment-report/ar5/wg2/WGIIAR5-Chap3_FINAL.pdf>. Acesso em: 4/11/2014.

[20] Segundo a OMS, morrem aproximadamente 13 vezes mais pessoas por desastres naturais nos países em desenvolvimento do que nos países desenvolvidos; ainda, 7 (sete) em cada 10 (dez) pessoas que não possuem saneamento adequado e 84% das pessoas que não possuem acesso à água potável vivem em áreas rurais. Cf. WORLD HEALTH ORGANIZATION-WHO. *Progress on Driking Water and Sanitation – Special focus on Sanitation*. World Health Organization. UNICEF, 2008, 58 p. Disponível em: <http://www.who.int/water_sanitation_health/monitoring/jmp2008/en/index.html>. Acesso em: 10/1/2015.

Atualmente a sociedade civil tem se mobilizado contra a utilização não sustentável do ciclo hidrológico, exercendo pressão sobre Estados, organizações internacionais e corporações no sentido de conscientizá-los e de prevenir ainda maiores danos ambientais. Tais pressões, na maioria das vezes, resultam em evoluções relevantes na forma de atuação desses atores. Contudo, uma parcela dos representantes do setor privado e dos Estados prefere defender que os problemas relacionados à crise hídrica e ao aquecimento global serão solucionados pelas novas tecnologias e que, ao invés de engendrar esforços para solucionar a crise, a comunidade internacional deveria direcionar os investimentos à inovação tecnológica.

Ainda que não se possa descartar os benefícios da engenhosidade humana e do desenvolvimento científico, a maioria das soluções até então trazidas pelas novas tecnologias não tem contribuído de maneira substancial para combater o aquecimento global ou preservar os recursos hídricos.

Como exemplo disso, menciona-se a construção de grandes barragens hidrelétricas como forma de produzir energia limpa, energia essa que, livre da emissão de gás carbônico, diminuiria a ação antrópica que colabora com o aquecimento global. A construção dessas imensas barragens resulta em importantes e prejudiciais impactos ecológicos e sociais, que diminuem a biodiversidade e forçam o deslocamento das comunidades locais.[21] Adicionalmente, o desvio das águas dos rios, lagos e mares

---

[21] Recentemente, o governo chinês assumiu que a construção da barragem das Três Gargantas, a maior do mundo em termos de capacidade, deslocou 1,4 milhão de pessoas ao inundar uma área de mais de mil cidades, provocando problemas sociais, ecológicos e geológicos consideráveis, os quais devem ser solucionados de forma urgente. WATTS, Jonathan. China warns of "urgent problems" facing Three Gorges dam. Beijing. *The Guardian*, 20 maio 2011. Disponível em: <http://www.theguardian.com/world/2011/may/20/three-gorges-dam-china-warning>. Acesso em: 2/1/2013.

internos para abastecimento das hidrelétricas provoca a diminuição do volume desses cursos, criando ainda mais obstáculos ao acesso à água para as comunidades locais.[22]

Da mesma forma, o antigo sonho da humanidade de transformar a água do mar em água potável ainda não foi concretizado de maneira satisfatória, nem mesmo pelas tecnologias mais avançadas de dessalinização. Nesse sentido, o processo ainda é considerado caro e demasiadamente sofisticado, além de gerar resíduos perigosos posteriormente lançados ao mar e demandar energia em excesso, o que produz grande quantidade de gases de efeito estufa e acaba por contribuir para o aquecimento global.[23]

Defende-se, pois, o contínuo desenvolvimento de novas tecnologias, embora se mostre estritamente necessário que a busca pelo progresso tecnológico não diminua a atuação de governos e da comunidade internacional em sua tarefa de zelar pela manutenção dos processos naturais e pelo melhor gerenciamento dos recursos hídricos. Assim como as questões de ordem climática, a crise hídrica também é um problema internacional que demanda uma sólida cooperação internacional para prevenir seus efeitos negativos e criar soluções sustentáveis para o futuro da humanidade.

---

[22] O rio Colorado, que corre no Sudoeste americano, é o exemplo mais notável de diminuição de volume em decorrência de desvios de água para alimentar projetos hidrelétricos e outros usos permanentes, como a irrigação. Desde 1998, o rio Colorado seca antes mesmo de chegar ao seu delta, no Golfo da Califórnia, no México, comprometendo a sobrevivência não somente de inúmeras espécies de peixes e pássaros que dependiam desse ecossistema específico, mas também da própria população que se utilizava dos recursos hídricos e naturais para suas atividades essenciais. WATERMAN, Jonathan. The Colorado River Is Running Dry. *The National Geographic*, 29 jul. 2010. Disponível em: <http://newswatch.natio nalgeographic.com/2010/07/29/colorado_river_aspen_environment_forum/>. Acesso em: 9/1/2013.

[23] PETRELLA, Riccardo. *O manifesto da água:* argumento para um contrato mundial. Petrópolis: Vozes, 2002. pp. 119-120.

A água entre a guerra e a paz

Além da globalidade da crise hídrica e de sua relação com as mudanças climáticas, outro aspecto bastante relevante da água é sua importância estratégica no que concerne à segurança nacional, regional e internacional. Em razão da concorrência pela água, o valor intrínseco desse recurso essencial vem sendo cada vez mais reconhecido, do que decorre sua condição de fator intensificador de disputas internas e internacionais. Nessa linha, argumentou a geógrafa brasileira Bertha Becker:

> A preocupação prioritária é a falta d'água. A situação tem sido anunciada como uma verdadeira catástrofe global. *Atribui-se à água importância estratégica semelhante ao que se atribuía ao petróleo no século XX*, ao mesmo tempo em que a água vem sendo chamada de *ouro azul*. A hidropolítica vem se desenvolvendo no mundo[24] (grifo nosso).

A partir dos anos 1960, e especialmente após a publicação do *Relatório Brundtland* de 1987,[25] diversos especialistas passaram a se preocupar com o nexo causal entre conflitos armados e recursos ambientais, muitas vezes afirmando que as guerras do futuro resultariam de conflitos socioambientais, isto é, que fatores de tensão de ordem política, étnica

---

[24] "The latest concern is the lack of water. This situation has been noted and announced as an actual global catastrophe. Water has been given a strategic value similar to that of petroleum in the 20th century and has been called 'blue gold'. Hydropolitics is developing in the world." BECKER, Bertha K. Inclusion of the Amazon in the geopolitics water. In: ARAGÓN, Luis E.; CLUSENER-GODT, Miguel. *Issues of local and global use of water from the Amazon.* Montevideo: UNESCO, 2004. pp. 143-166.

[25] Relatório elaborado pela Comissão Mundial sobre Meio Ambiente e Desenvolvimento em 1987 (A/42/427, 4 August 1987). Disponível em: <http://www.un-documents.net/a42-427.htm>. Acesso em: 13/1/2014.

e religiosa misturar-se-iam a disputas por recursos naturais. Não foi outro o motivo pelo qual, em 1992, o então presidente do Conselho de Segurança da Organização das Nações Unidas (ONU) declarou:

> A ausência de guerra e de conflitos militares entre os Estados não garante por si só a paz e a segurança internacionais. *As fontes não militares de instabilidade nos campos econômico, social, humanitário e ecológico tornaram-se ameaças à paz e à segurança internacionais.* As Nações Unidas como um todo têm de dar prioridade máxima à solução desses problemas[26] (grifo nosso).

No caso específico da relação entre conflitos armados e recursos hídricos, diversos estudos já concluíram que a crise hídrica e a falta de acesso à água deverão, em um futuro próximo, representar fatores agravantes de tensões políticas.[27]

Não se trata, no entanto, de um fenômeno novo, tendo em vista que, ao lado de fatores econômicos, políticos e sociais,[28] a busca por recursos naturais, entre eles a água, sempre foi um fator desencadeador ou agravante de conflitos, o que se observa a partir da análise dos principais marcos civilizatórios e das guerras que permearam a história da humanidade.

Desde a Antiguidade, o bom funcionamento das sociedades esteve relacionado diretamente ao controle sobre os recursos hídricos. Nesse sentido, vale lembrar que as primeiras

---

[26] Note by the President of the Security Council (UN Doc. S/23500, 31 January 1992). Disponível em: <http://www.securitycouncilreport.org/atf/cf/%7B65B-FCF9B-6D27-4E9C-8CD3-CF6E4FF96FF9%7D/Disarm%20S23500.pdf>. Acesso em: 28/12/2013.

[27] COOLEY, John K. The War over Water. Carnegie Endowment for International Peace, Foreign Policy, n. 54, 1984, pp. 3-26. Disponível em: <http://www.jstor.org/stable/1148352>. Acesso em: 20/12/2013.

[28] HOMER-DIXON, Thomas F. *Environment, Scarcity, and Violence*. Princeton: Princeton University Press, 1999. p. 16.

grandes civilizações desenvolveram-se às margens de grandes rios, entre elas as civilizações da Mesopotâmia e do Egito, essencialmente dependentes dos rios Tigre e Eufrates e do Rio Nilo, respectivamente.

Da mesma forma, o domínio de técnicas de irrigação e de construção de diques permitiu o desenvolvimento da atividade agrícola e das chamadas "sociedades hidráulicas" orientais, as quais se beneficiavam das vantagens oferecidas pelas margens dos grandes rios, o que representou um salto na evolução da humanidade, antes essencialmente dependente dos produtos da caça e da pesca. Ainda nessa linha, a civilização chinesa, em especial no período da Dinastia Shang (1600-1046 a.C.), e a civilização hindu (3300-1300 a.C.) evoluíram progressivamente na medida em que intensificaram a utilização dos rios Huang He – também chamado de rio Amarelo – e Indo.[29]

Como não poderia deixar de ser, os conflitos travados entre as civilizações da Antiguidade e seus invasores tinham como elemento essencial a manutenção não apenas do poder político e da propriedade sobre as terras, mas também o controle sobre os recursos hídricos como condição *sine qua non* para o desenvolvimento de suas atividades essenciais.

É de se notar, sob uma perspectiva histórica do Direito, que já no Código de Hamurabi de 1792 a.C., elaborado para regulamentar questões consideradas essenciais pelo Império Babilônio, observa-se importante menção à água, com a definição de regras para o uso desse recurso e de deveres quanto à sua utilização consciente e não prejudicial a terceiros.[30]

---

[29] WITTFOGEL, Karl A. *Oriental despotism*: a comparative study of total power. New Haven: Yale University Press, 1957.

[30] Art. 55: "Se alguém abrir seus canais para aguar seus grãos, mas for descuidado e a água inundar o campo do vizinho, deverá pagar ao vizinho os grãos perdidos", e art. 56: "Se alguém deixar entrar água, e a água alagar a plantação do vizinho,

Posteriormente, em 529 d.C., o imperador bizantino Justiniano, na tentativa de restabelecer a ordem em Constantinopla após a separação entre Império Romano do Ocidente e do Oriente, publicou um corpo de leis que veio a ser conhecido como o Código de Justiniano, o qual estabelecia que a água corrente representava um bem de toda a humanidade.[31]

Diversos são os exemplos históricos que demonstram a importância da água para o desenvolvimento da humanidade, desde seu empreendimento como fonte de energia para impulsionar os moinhos, passando pela utilização dos cursos navegáveis para a expansão do comércio e para descobertas de novos territórios, até o emprego do vapor d'água para a produção de energia e movimentação de grandes máquinas e trens.

A propósito, foi durante a Primeira Revolução Industrial, da metade do século XVIII à metade do século XIX, que a questão do saneamento e da distribuição de água surgiu como prioridade a ser trabalhada pelo poder público. Isso porque a migração de grandes concentrações de indivíduos para os centros urbanos e a falta de saneamento adequado originaram situações caóticas de higiene e poluição dos recursos hídricos. Subsequentemente, no decorrer da Segunda Revolução Industrial (1840-1870) surgiu o chamado "movimento higienista europeu", que impulsionou a adoção de medidas de saúde pública, entre elas a adoção de um sistema integrado de tratamento dos resíduos domésticos e de distribuição de água. A partir de então, a água encanada e o sistema de tratamento

---

deverá pagar 10 gur de cereais por cada 10 gan de terra" (tradução livre). Código de Hamurabi de 1792 a.C. Disponível em: <http://www.fordham.edu/halsall/ancient/hamcode.asp>. Acesso em: 10/1/2014.

[31] SHIVA, Vandana. *Guerras por água*: privatização, poluição e lucro. São Paulo: Radical Livros, 2006. pp. 35 e 53.

de esgoto passaram a fazer parte da noção de progresso e desenvolvimento implementada pelos países industrializados.

Mais recentemente, o Oriente Médio tem se mostrado uma das regiões mais conturbadas em termos de hidropolítica. A delicada relação entre os países dessa região é agravada pela disputa por recursos naturais escassos, particularmente pela água. Assim, as disputas pelas águas do rio Jordão deram causa a diversas situações conflituosas, entre elas a Guerra dos Seis Dias, em 1967. Ao final do conflito, o Estado israelense logrou controlar a margem ocidental do rio Jordão e as colinas de Golã, importante reservatório de água doce cujo domínio possibilitou-lhe controlar a perfuração de poços e outras formas de extração de água pelos palestinos.[32]

Ainda no âmbito do Oriente Médio, o exemplo da Faixa de Gaza é paradigmático no tocante às consequências estruturais da falta de acesso à água. Naquela região, a falta de provisão do recurso à população palestina reduz a produtividade agrícola e pastoril, fonte principal de renda, o que já figurou como causa de manifestações violentas por parte dos palestinos. Sabe-se que o conflito árabe-israelense não se resume a disputas por recursos naturais, embora se acredite que a adoção de políticas de conservação e de repartição igualitária dos recursos hídricos possa contribuir para a paz na região ao eliminar ao menos um fator agravante das tensões políticas, qual seja, a concorrência pela água.

As disputas por água também permeiam a relação entre países de outras regiões do mundo, bem como entre regiões

---

[32] OZMANCZYK, Edmund Jan. *Encyclopedia of the United Nations and International Agreements*. New York: Routledge Press, 2002. p. 825.

de um mesmo país. Assim, a água está no centro de diversas disputas[33] que se transformaram em conflitos bastante violentos, os chamados "hidroconflitos".[34]

Outro exemplo de disputa pela água, agora envolvendo regiões de um mesmo país, foi a sucessão de conflitos ocorridos no Noroeste da Índia nos anos 1980, os quais versaram sobre a partilha de águas fluviais da bacia do rio Punjab e deram causa a mais de 15 mil mortes.[35] Na América do Norte, a concorrência pelo uso da água representou um fator de conflitos entre estados que compartilham a bacia do rio Colorado, especialmente em razão do uso excessivo de suas águas pela Califórnia, com vistas a sustentar o alto consumo de água de seus moradores e indústrias, o que diminuía a oferta desse recurso para outros seis estados norte-americanos.[36]

Se atualmente a água já tem representado um fator desencadeante ou agravante de conflitos armados, é de se supor que no futuro essa condição deva ser potencializada. De fato,

---

[33] Segundo a UNESCO, 507 conflitos por água já foram registrados. Disponível em: <http://webworld.unesco.org/water/wwap/facts_figures/sharing_waters.shtml>. Acesso em: 2/1/2012.

[34] Ainda que conflitos possam ocorrer quando diferentes Estados dividem a mesma bacia hidrográfica – e efetivamente ocorrem –, exemplos de cooperação também podem resultar desse contexto geográfico. Um dos mais interessantes exemplos foi o trabalho conjunto realizado por dez países banhados pelo rio Danúbio – Áustria, Bulgária, Croácia, República Tcheca, Alemanha, Hungria, Moldávia, Romênia, Eslovênia e Ucrânia –, os quais ratificaram a Convenção para Proteção do rio Danúbio de 1994, que entrou em vigor em 1998. Os três objetivos principais desse documento são: a conservação, o uso racional das águas de superfície e subterrâneas e a elaboração de medidas preventivas para reduzir a poluição e controlar os resíduos provenientes de acidentes.

[35] SHIVA, Vandana, op. cit., p. 11.

[36] Interessante notar, mais uma vez, que da mesma forma que a concorrência por água pode ser pivô de conflitos, também pode ser o caminho para a cooperação, e foi por meio do estabelecimento de regras comuns de distribuição e de uso que a situação do rio Colorado foi resolvida e tornou-se um modelo de cooperação hídrica a ser seguido. Cf. PETRELLA, Riccardo, op. cit., p. 31.

a crise hídrica atual deverá ser intensificada pelo aumento exponencial da população mundial, fator que enseja maior utilização direta e indireta dos recursos hídricos.[37] Segundo estimativa da ONU, em 2025 mais de 1,8 bilhão de pessoas habitarão em países ou regiões com absoluta escassez hídrica, enquanto dois terços da população mundial viverão em condições de estresse hídrico.[38]

Nesse sentido, já em 1985 o então secretário-geral da ONU, Boutros Boutros-Ghali, afirmou que uma eventual terceira guerra mundial poderia ser resultado de conflitos relacionados à água.[39] Posteriormente, em 1995, o egípcio Ismail Seregeldin, então presidente do Banco Mundial, também demonstrou preocupação com a água como fator de insegurança mundial ao classificá-la como fator preponderante para as guerras do século XXI.[40]

Nessa mesma linha, o economista italiano Riccardo Petrella, considerado um dos maiores especialistas do movimento em favor do acesso à água para todos, acredita que a disputa por água pode provocar guerras futuras, fundando sua hipótese não somente na escassez e no desgaste desse líquido vital, mas também em um dado geográfico alarmante:

---

[37] Estima-se que a população mundial passará dos 9,3 bilhões de pessoas até 2050 e que 86% dessa população estará concentrada em regiões menos desenvolvidas do mundo. COSGROVE, Catherine E.; COSGROVE, William J., op. cit., p. 15. Disponível em: <http://unesdoc.unesco.org/images/0021/002153/215377e.pdf>. Acesso em: 5/1/2014.

[38] FOOD AND AGRICULTURE ORGANIZATION OF THE UNITED NATIONS-FAO. *Coping with Water Scarcity*: Challenge of the Twenty-First Century. New York: UN-Water and FAO, 2007. p. 10.

[39] Matéria publicada na BBC NEWS, em 6 out. 2003. Disponível em: <http://news.bbc.co.uk/go/pr/fr/-/2/hi/talking_point/2951028.stm>. Acesso em: 2/12/2013.

[40] WOLF, Aaron. *Water wars are coming!* BBC News, 13 fev. 2009. Disponível em: <http://news.bbc.co.uk/2/hi/science/nature/7886646.stm>. Acesso em: 24/12/2013.

60% dos recursos hídricos estão localizados em apenas 9 dos 195 países que compõem a comunidade internacional, com destaque para o Brasil, a Rússia, a China, o Canadá, a Indonésia e os Estados Unidos, ao mesmo tempo que mais de 80 países enfrentam uma situação de escassez hídrica.[41] Essa desigualdade na disponibilidade dos recursos hídricos atribuiria a alguns países, segundo ele, um poder político não negligenciável que poderia transformar a água em uma arma geoestratégica.

Portanto, mais do que nunca o acesso à água e a disponibilidade desse recurso tornam-se questões de segurança nacional e internacional, o que corrobora a ideia de que a comunidade internacional deve se dedicar a regulamentar sua utilização e proteção, prevenindo conflitos futuros e encontrando soluções pacíficas fundadas na cooperação e na partilha desse recurso essencial para grande parte das atividades humanas.

Água: de bem econômico a direito humano

Quando os recursos naturais se tornam escassos e sua distribuição é desigual, populações disputam entre si o acesso a esses bens e, paralelamente, atividades passam a concorrer pelo uso desses recursos. Esse é o panorama atual da distribuição e da concorrência por água.

Por muitos séculos, a água foi vista como um recurso inesgotável e à disposição da humanidade, mas recentemente a finitude dos recursos hídricos foi reconhecida em decorrência de sua escassez, o que representou um grande passo a caminho de sua proteção. Desde os anos 1990, a comunidade internacional tem discutido o tema e apresentado propostas

---

[41] PETRELLA, Riccardo, op. cit., p. 53.

para a crise hídrica e os problemas de acesso à água. Entre elas, figura a proposta de considerar a água como um bem econômico, sujeito às regras de mercado.

É o que se depreende do Princípio 4 da Declaração de Dublin, documento originário da Conferência Internacional de Água e Meio Ambiente de 1992, *in verbis*:

> *A água tem valor econômico em todos os usos competitivos e deve ser reconhecida como um bem econômico.* No contexto deste princípio, é vital reconhecer inicialmente o direito básico de todos os seres humanos do acesso ao abastecimento e saneamento a custos razoáveis. O erro no passado de não reconhecer o valor econômico da água tem levado ao desperdício e usos deste recurso de forma destrutiva ao meio ambiente. *O gerenciamento da água como bem de valor econômico é um meio importante para atingir o uso eficiente e equitativo, e o incentivo à conservação e proteção dos recursos hídricos*[42] (grifo nosso).

A partir dessa declaração, à qual se seguiram outras de semelhante conteúdo, observa-se que os ideais de proteção e de uso equitativo da água foram vinculados à valoração econômica dos recursos hídricos. Segundo essa ótica, a aplicação de princípios mercadológicos acabaria por evitar desperdícios e aumentar a quantidade disponível de água para o uso doméstico e pessoal.

Infelizmente, não foram positivos os resultados provenientes da política de precificação e valorização econômica da água, especialmente porque, ao invés de conservar o recurso, aqueles que podiam pagar os altos preços cobrados pelos serviços ligados à água continuaram a desperdiçá-lo, ao mesmo

---

[42] Declaração de Dublin sobre Água e Desenvolvimento Sustentável de 1992, adotada pela Conferência Internacional sobre Água e Meio Ambiente. Dublin, Irlanda, 31 jan. 1992. Disponível em: <http://www.un-documents.net/h2o-dub.htm>. Acesso em: 4/1/2014.

tempo que os mais necessitados enfrentaram entraves econômicos ainda maiores para o acesso à água. Além disso, problemas relacionados à poluição e ao uso não sustentável da água não foram mitigados e continuaram a prejudicar a qualidade e a disponibilidade de água para consumo pessoal e doméstico.

Assim, a utilização exclusiva da abordagem econômica deixou de considerar os limites ecológicos impostos pelo ciclo da água, e também os limites econômicos impostos pela pobreza e pela desigualdade, não tendo contribuído para a conservação e para a democratização do acesso à água.[43] Soma-se a isso outra questão que não pode ser ignorada: a lógica do mercado, no que tange às *commodities*, pressupõe a substituição do bem econômico em momentos de escassez, o que não se mostra possível no caso da água, bem insubstituível e essencial para a manutenção da vida humana e do desenvolvimento socioeconômico das comunidades.

Cientes das limitações da comunidade internacional em estabelecer princípios e diretrizes adequados para lidar com os problemas de conservação e de concorrência por água, organizações internacionais, organizações não governamentais e especialistas ambientais passaram a defender o direito à água como um direito humano, fundado na afirmação da água como um bem público e de uso comum, na sua proteção como interesse geral e no direito individual de acesso à água adequada.

Assim é que o movimento global pelo direito à água pugna pelo seu reconhecimento e pela sua efetivação interna, por meio da normativa nacional, mas com fulcro nos documentos jurídicos internacionais. A partir dos anos 2000, essas

---

[43] BLUEMEL, Erik B. The Implications of Formulating a Human Right to Water. *Ecology Law Quarterly*, v. 31, 2004, pp. 962-963.

reivindicações passaram a constar da pauta de discussões da comunidade internacional e já começaram a se concretizar, seja por meio de declarações oficiais dos órgãos da ONU, inclusive da Assembleia Geral,[44] seja no âmbito interno, por meio da inclusão de disposições dessa natureza em dezenas de constituições nacionais.[45]

À evolução normativa do direito à água soma-se uma série de recentes decisões proferidas pelas cortes regionais de proteção dos direitos humanos no sentido de efetivar o direito humano à água. Essas e outras evoluções normativas e jurisprudenciais serão discutidas em detalhes no decorrer desta obra, a qual pretende demonstrar a maneira pela qual o direito humano à água se faz presente no ordenamento jurídico internacional.

Dessa forma, em um primeiro momento, com o objetivo de refazer o caminho normativo-jurisprudencial percorrido na direção do reconhecimento do direito à água como um direito humano, este livro dedica-se à análise dos diferentes tratamentos atribuídos ao tema sob o ponto de vista do direito ao meio ambiente e dos direitos humanos, precedida por discussões teóricas sobre a relação entre essas duas perspectivas (capítulo 1).

A seguir, dá-se maior atenção às características do direito à água com base em seu reconhecimento internacional e nacional, bem como às suas implicações para Estados, indivíduos e terceiros (capítulo 2).

---

[44] Resolução O *Direito Humano à Água e ao Saneamento*, adotada pela Assembleia Geral da ONU (A/RES/64/292, 3 ago. 2010), §1. Disponível em: <http://www.un.org/ga/search/view_doc.asp?symbol=A/RES/64/292>. Acesso em: 25/12/2013.

[45] Cf. "Modelos nacionais", infra, pp. 117-129.

Em um terceiro momento, observações finais sobre a existência e sobre a natureza jurídica do direito à água serão apresentadas, assim como posicionamentos de doutrinadores e especialistas quanto ao futuro do direito à água (capítulo 3).

Por fim, apresentam-se as discussões relativas ao direito à água no contexto brasileiro (capítulo 4).

Capítulo I
O direito à água
e o Direito Internacional Público

A água é um recurso essencial para diversas atividades humanas, tais como a agropecuária, a produção industrial, os serviços, o turismo, o lazer, as atividades religiosas, as atividades domésticas e o consumo humano. Em razão disso, essas diversas atividades concorrem entre si pela utilização da água, o que não raramente resulta em conflitos.

Assim como já ponderado, a concorrência por água sempre ocorreu, mas nos dias atuais tem se agravado pelo crescimento demográfico, o qual desequilibra ainda mais a relação demanda-disponibilidade desse recurso. Ademais, o aquecimento global tem comprovadamente diminuído as reservas de água doce no mundo. Soma-se a isso a diminuição na qualidade da água decorrente do seu uso não sustentável e da poluição, fenômenos que atingem diretamente a natureza, seus ciclos e a vida das espécies que dela dependem, inclusive a espécie humana.

A água como recurso, o ciclo hidrológico e os cursos d'água de forma geral não respeitam as fronteiras artificiais criadas pelos Estados.[1] A poluição e a utilização exacerbada dos recursos hídricos provenientes de uma determinada região afetam

---

[1] Nesta obra, o termo Estado é utilizado como sinônimo de país.

consideravelmente outras partes do globo e, por esse motivo, os problemas ligados à água revelam-se internacionais por sua própria natureza.[2] Não é por outro motivo que as questões relacionadas às características físicas e geográficas dos cursos d'água e ao acesso à água por parte dos indivíduos demandam soluções jurídicas que levem em conta o ciclo global da água. Assim é que o Direito Internacional, aplicável aos Estados, organizações internacionais e indivíduos que, conjuntamente, compõem a sociedade internacional,[3] é chamado a se posicionar sobre o assunto.

Não se pode subestimar, de maneira alguma, a contribuição que os ordenamentos internos trazem para o estudo da água. Diversos Estados já consagraram internamente o direito à água, inclusive inscrevendo esse direito em suas constituições e reforçando, por meio da atuação do judiciário, as obrigações decorrentes dessa positivação. Algumas dessas contribuições serão analisadas posteriormente nesta obra e servirão como objeto de análise sobre as diversas características e implicações da consagração do direito à água.[4]

Conforme anteriormente afirmado, o ciclo hidrológico tem natureza global, assim como os desafios atuais ligados à água – crescimento populacional, poluição, aquecimento global, hidroconflitos –, o que acaba por acentuar a importância da análise das questões ligadas à água sob o prisma do Direito Internacional.

---

[2] CUQ, Marie. *L'eau en droit international*: convergences et divergences dans les approches juridiques. Bruxelles: Larcier, 2013. p. 16.

[3] PELLET, Alain et autres. *Droit International Public*. 8. ed. Paris: LGDJ, 2009. pp. 43-44.

[4] Cf. "Modelos nacionais", infra, pp. 117-129.

Posto isso, da mesma forma que as atividades relacionadas à água são diversas e inter-relacionadas, dentro da ciência do Direito o estudo das questões relativas à água pode se dar por diversos de seus ramos, os quais não raramente se sobrepõem. Dentre os diferentes ramos do Direito Internacional que contêm previsões direta ou indiretamente relacionadas à água, podemos citar: o Direito Internacional do Trabalho, o Direito do Comércio Internacional, o Direito Internacional Humanitário,[5] o Direito Internacional Penal,[6] o Direito Internacional do Meio Ambiente, o Direito Internacional dos Direitos Humanos e o Direito Internacional da Água.

---

[5] Antes mesmo de a intensificação do movimento pelo acesso à água ganhar força, já em 1949, a Convenção de Genebra relativa à proteção de civis em tempos de guerra dedicou diversos dispositivos à proteção da água e ao seu acesso por parte dos grupos protegidos em tempos de conflito armado (arts. 20, 26, 29 e 46). Da mesma forma, tanto o Protocolo Adicional I relativo aos conflitos internacionais de 1977 (arts. 54 e 55) quanto o Protocolo Adicional II relativo aos conflitos não internacionais de 1977 (arts. 5º e 14) foram documentos precursores na afirmação da necessidade de proteger a água e permitir o acesso da população a esse bem essencial. Apesar disso, esses documentos da normativa humanitária não consagraram um direito à água nos moldes hoje concebíveis, dedicando-se muito mais à previsão de obrigações a serem levadas em conta pelos Estados quanto à preservação da água como um bem essencial e como um recurso ambiental do que prevendo um verdadeiro direito de acesso à água aos indivíduos.

[6] Parcela da doutrina entende que a destruição ambiental conduzida de modo a causar danos graves e implicar sofrimento humano desproporcional possa ser enquadrada como crime contra a humanidade, com fundamento no Estatuto de Roma de 1998. Contudo, esse documento faz poucas referências à questão ambiental, e o crime contra o meio ambiente – ou "ecocídio" – ainda figura apenas em discussões doutrinárias. Apesar disso, observa-se um claro movimento em favor do reforço do papel do Direito Internacional Penal em matéria de meio ambiente por parte das organizações internacionais. No âmbito da ONU, observa-se o trabalho da Comissão para Prevenção do Crime e para Justiça Penal, sob os auspícios do Conselho Econômico e Social, em favor do reconhecimento dos perigos do terrorismo ecológico. É ainda maior a compreensão sobre a questão por parte do Conselho da Europa, o qual permitiu a adoção da recente Convenção sobre a Proteção do Meio Ambiente pelo Direito Penal de 1998, tratado este que representa a intenção em âmbito europeu de desenvolver a legislação penal no caso de danos graves ao meio ambiente. Cf. FREELAND, Steven. Direitos humanos, meio ambiente e conflitos: enfrentando os crimes ambientais. *SUR – Revista Internacional de Direitos Humanos*, Ano 2, n. 2, pp. 120-122, 2005.

Os diversos regimes jurídicos originários desses ramos do Direito contêm normas específicas ligadas à água, as quais tendem a privilegiar apenas um de seus inúmeros aspectos.

Assim, a título de exemplo, as normas e decisões da Organização Mundial do Comércio (OMC) privilegiam a abordagem da água como um bem econômico ou como uma *commodity*; os regimes de proteção ao meio ambiente compreendem a água como um recurso natural a ser preservado pelas autoridades públicas; os regimes de proteção dos direitos humanos tendem a considerá-la um direito humano, visando especialmente estabelecer o acesso universal à água e aos serviços de saneamento; e, por fim, os regimes jurídicos que regulam as relações entre Estados vizinhos quanto aos recursos hídricos compartilhados tendem a reconhecer a água como um dos elementos territoriais do Estado.

Essas e outras qualificações jurídicas da água não se excluem mutuamente, mas têm como ponto de partida um dos diversos aspectos da água – econômico, comercial, social, ambiental, entre outros.[7] Logo, quando chamado a solucionar uma questão que envolve a água, o Direito Internacional não dispõe de critérios que possam refletir uma compreensão global e unificada desse recurso, baseando-se geralmente em regimes que seguem uma lógica própria e nem sempre levam em consideração as regras dos outros regimes.[8] Uma compreensão global da água, que levasse em consideração seus aspectos ecológico, social, econômico e comercial, assim como os seus diversos usos, somente poderia ser colocada em prática se houvesse melhor

---

[7] LANGFORD, Malcolm. The United Nations Concept of Water as a Human Right: A New Paradigm for Old Problems? *Water Resources Development*, v. 21, n. 2, pp. 273-282, 2005.

[8] CUQ, Marie, op. cit., pp. 19-24.

coordenação entre os diversos ramos do Direito que tratam do tema, ou, ainda, caso fosse criado um regime jurídico comum para definir os detalhes e os limites da abordagem jurídica desse recurso no âmbito internacional, o que não ocorreu até o presente momento. [9]

Um exemplo mais concreto da compreensão fragmentada da água é o tratamento dado pelo chamado Direito Internacional da Água às diversas formas de utilização dos recursos hídricos. Esse ramo do Direito Internacional[10] prioriza a qualificação da água como um elemento territorial do Estado, isto é, um recurso natural sujeito à apropriação estatal. Algumas disposições interessantes desse ramo parecem, em princípio, colaborar com nosso estudo sobre o direito humano à água, dentre elas: a necessidade de se levar em consideração "os interesses da população tributária do curso d'água em cada Estado"[11] para a utilização racional e equitativa dos cursos d'água; ou, ainda, a ideia de dedicar "atenção especial à satisfação das necessidades humanas essenciais",[12] quando houver conflito entre diferentes usos da água, o que imporia aos Estados a obrigação de fornecer água em

---

[9] Para uma análise mais aprofundada sobre os desafios da abordagem global da água, cf. ibid., pp. 123-124.

[10] O Direito Internacional da Água é o conjunto de normas e princípios que têm como objeto comum a água. Ressalva feita a alguns doutrinadores que não enxergam esse grupo de normas como um ramo do Direito Internacional, pois consideram que tais regras regulam aspectos diversos das relações entre os Estados – tais como a navegação, as fronteiras, os recursos naturais – e não teriam nada em comum além de se referirem ao mesmo objeto. COULÉE, Frédérique. Rapport Général du droit international de l'eau à la reconnaissance internationale d'un droit à l'eau: les enjeux. In: COULÉE, Frédérique. *L'eau en droit international*: Colloque d'Orléans. Société française pour le Droit international. Paris: Pedone, 2011. pp. 9-40, especialmente p. 23.

[11] Art. 6º (1) (c) da Convenção sobre o Direito Relativo às Utilizações de Cursos de Água Internacionais para Outros Fins que não a Navegação de 1997.

[12] Art. 10 (2) da Convenção sobre o Direito Relativo às Utilizações de Cursos de Água Internacionais para Outros Fins que Não a Navegação de 1997.

quantidade suficiente para o consumo direto e para a produção de alimentos para subsistência.

Contudo, tais disposições se direcionam aos Estados, os quais possuem a faculdade de reclamar, perante os outros Estados, a utilização racional dos recursos hídricos compartilhados em nome de sua população e de suas necessidades vitais. Não se extrai desse corpo de normas um verdadeiro direito de acesso à água por parte da população, nem mesmo a obrigação do Estado de fornecer esse acesso ou de preservar os recursos hídricos em benefício de sua população. É em razão disso que afirmamos que o Direito Internacional da Água não leva em conta, de forma séria e concreta, a dimensão humana e social da água.[13]

Outros diversos exemplos de abordagem limitada da água poderiam ser explorados. Contudo, devido à impossibilidade de analisarmos todos esses regimes jurídicos que regulamentam questões ligadas à água, e levando-se em consideração o protagonismo de dois desses regimes para os objetivos desta obra, concentrar-nos-emos na forma como o Direito Internacional dos Direitos Humanos (DIDH) e o Direito Internacional do Meio Ambiente (DIMA) contemplam o acesso e a preservação da água, dois elementos-chave para o direito à água.

Meio ambiente e direitos humanos: considerações teóricas

Embora o estudo do tratamento dado às questões relativas à água pelos diversos ramos do Direito seja relevante, a

---

[13] RIVA, Gabriela Rodrigues Saab. *Le développement normatif du droit à l'eau et ses rapports avec le droit à l'alimentation*. Tese apresentada no âmbito do Master complémentaire en droits de l'homme da Université Catholique de Louvain (BE), sob a orientação de M. Olivier de Schutter, Bruxelas, 2013, p. 6.

discussão pontual sobre o direito à água encontra terreno especialmente fértil nos campos do Direito Internacional dos Direitos Humanos (DIDH) e do Direito Internacional do Meio Ambiente (DIMA). Antes mesmo de analisarmos como cada um desses conjuntos normativos contribui para o estudo do direito à água, cabe procedermos a uma breve análise da relação entre esses dois ramos do Direito Internacional. Dessa forma, nas páginas que seguem, discutiremos algumas questões importantes dessa relação, entre elas a forma pela qual o homem enxerga a proteção ambiental, a maneira como os documentos jurídicos absorvem a relação simbiótica entre direitos humanos e meio ambiente e, por fim, a importância do DIDH e do DIMA para as recentes evoluções do Direito Internacional.

A afirmação internacional dos direitos humanos remonta ao período pós-Segunda Guerra Mundial e foi impulsionada pela necessidade de se consagrar a proteção dos indivíduos ante os abusos dos Estados. Já a afirmação da necessidade de proteger o meio ambiente somente ganhou atenção da comunidade internacional na década de 1970, ante a conscientização da fragilidade da natureza e de sua utilização não sustentável pelo homem. Apesar da evolução aparentemente desconexa, esses dois ramos se entrelaçam em diversos pontos, mantendo uma relação cada vez mais estreita.[14]

Essa relação pode ser observada de modo empírico, por exemplo, ao se constatar que, nos locais onde os direitos

---

[14] Conforme concluiu o Seminário conjunto do Alto Comissariado para os Direitos Humanos (ACDH) e do Programa das Nações Unidas para Meio Ambiente (PNUMA) de 2002, primeira oportunidade em que se reconheceu formalmente a conexão entre esses dois ramos do Direito dentro do sistema onusiano. Cf. SANDS, Philippe. *Principles of International Environmental Law*. 2. ed. Cambridge: Cambridge University Press, 2003. p. 292.

humanos são constantemente violados, presencia-se também maior degradação do meio ambiente, o que parece decorrer não apenas da intensidade exacerbada da extração dos recursos naturais, mas também da menor conscientização quanto aos direitos de reclamar a proteção ambiental perante as autoridades públicas. De maneira similar, a falta de proteção ao meio ambiente agrava ainda mais a situação dos grupos vulneráveis e dependentes dos recursos naturais, como os pequenos agricultores, os membros das comunidades indígenas e os indivíduos que habitam os bairros mais pobres das grandes cidades, trazendo consequências diretas para esses indivíduos no que concerne ao exercício de seus direitos humanos.

Além dessa relação fática, uma comprovação teórica da simbiose entre DIMA e DIDH consiste no fato de que direitos humanos e meio ambiente efetivamente passaram a fazer parte dos interesses comuns da comunidade internacional, os quais devem ser protegidos pelo Direito Internacional em detrimento do domínio reservado do Estado. Dessa forma, a proteção de ambos os interesses não deve ficar restrita exclusivamente à competência e à jurisdição nacionais.

Ainda assim, não foram completamente dissipadas algumas dúvidas quanto às vantagens e desvantagens de se tratar direitos humanos e proteção ambiental de forma conjunta. Na busca por respostas a essas dúvidas, não se pode ignorar a discussão filosófica sobre duas visões diversas de proteção do meio ambiente pelo Direito Internacional: a visão ecocêntrica, que defende a proteção *per se* do meio ambiente como ideal não mitigável por outros critérios; e a visão antropocêntrica, baseada na proteção do meio ambiente como objetivo a ser perseguido segundo critérios de utilidade e de necessidade da humanidade.[15]

---

[15] De fato, observa-se que há documentos do Direito Internacional que privilegiam uma ou outra visão. Assim, a visão antropocêntrica da preservação do meio ambiente foi enfatizada no Princípio 2º da Declaração de Estocolmo de 1972, ao dispor que "os recursos naturais da terra, incluídos o ar, a água, a terra, a flora e a

A visão antropocêntrica da proteção do meio ambiente esteve fortemente presente na história da humanidade, podendo ser verificada em numerosos documentos jurídicos que atribuem proteção apenas aos recursos naturais considerados importantes para o homem, como, por exemplo, a Convenção para Conservação das Focas Antárticas de 1972, que teve a clara intenção de evitar a extinção da espécie em razão dos interesses pela comercialização de sua pele.

A visão ecocêntrica, por sua vez, tem sido enfatizada apenas recentemente em alguns documentos jurídicos, entre eles a Constituição do Equador,[16] que afirma expressamente a existência de direitos da natureza (*Pachamama* ou Mãe Terra) a serem respeitados não apenas pelo poder público, mas também pelas pessoas jurídicas e pelos indivíduos. Sob a perspectiva de documentos como esse, a natureza deixa de ser apenas um bem jurídico para adquirir *status* de sujeito de direitos.

A radicalização de uma ou outra dessas visões pode dar lugar ao que se convencionou chamar "crise de percepção da natureza".[17] Por um lado, essa crise pode ser experimentada por aqueles que adotam a visão antropocêntrica radical, cuja

---

fauna e especialmente amostras representativas dos ecossistemas naturais, *devem ser preservados em benefício das gerações presentes e futuras*, mediante uma cuidadosa planificação ou ordenamento" (grifo nosso). Da mesma forma, na Declaração do Rio sobre Meio Ambiente e Desenvolvimento de 1992, a visão antropocêntrica prevaleceu na redação do Princípio 1º, *in verbis*: "Os *seres humanos estão no centro* das preocupações com o desenvolvimento sustentável. Têm direito a uma vida saudável e produtiva, em harmonia com a natureza" (grifo nosso). Por outro lado, outros importantes documentos, entre eles a Convenção sobre a Biodiversidade de 1992, utilizam-se de uma visão ecocêntrica, focando em uma proteção *per se* da natureza e dos recursos naturais.

[16] Arts. 10, 71, 72, 73 e 74 da Constituição do Equador.

[17] OST, François. A natureza à margem da lei. A ecologia à prova do Direito. Lisboa: Instituto Piaget, 1995. In: RODRIGUES, Geisa de Assis. O direito constitucional ao meio ambiente ecologicamente equilibrado. *Revista do Advogado*, São Paulo, v. 29, n. 102, p. 47, mar. 2009.

consequência é o tratamento da natureza como mero objeto de exploração a serviço do homem, visão essa que ignora o fato de que a espécie humana também é parte integrante desse sistema complexo que é a natureza. Por outro lado, a crise de percepção também pode afetar aqueles que defendem uma visão ecocêntrica radical, pois, ao atribuírem à natureza e a todos os demais seres vivos regras e princípios cuja base não é outra que não os próprios direitos humanos, incorrem no risco de personificar esses elementos, colocando animais, plantas e homem em um mesmo patamar ético, o que pode configurar uma posição militante mas não plenamente defensável no plano jurídico.

Com efeito, não se nega a possibilidade de que o meio ambiente seja considerado *per se* um objeto de proteção a ser perseguido pelo Direito Internacional. De fato, a conscientização de sua escassez elevou a natureza ao *status* de bem intrinsecamente valioso, especialmente pela importância vital desse sistema, que é "mais abrangente que um aglomerado de coisas dispersas, utilizadas e caprichosamente manipuladas pelo engenho do homem".[18] Essa é uma tendência já expressa em diversos documentos internacionais, entre eles a Convenção de Berna sobre a Vida Selvagem e os Hábitats Naturais na Europa de 1979,[19] a Carta Mundial da Natureza de 1982[20] e a Convenção sobre a Diversidade Biológica de 1992.[21]

---

[18] AMARAL JÚNIOR, Alberto do. *Curso de Direito Internacional Público.* 3. ed. São Paulo: Atlas, 2012. p. 574.

[19] Preâmbulo: "Reconhecendo que a flora e a fauna selvagens constituem um patrimônio natural, estético, científico, cultural, econômico, que possuem *valor intrínseco a ser preservado e transmitido para as gerações futuras*" (grifo nosso). Convenção de Berna sobre a Vida Selvagem e os Hábitats Naturais na Europa de 1979 (Conselho da Europa, n. 104, 19 set. 1979).

[20] Preâmbulo: "(...) Cada forma de vida é única, *justificando respeito independentemente do seu valor para os homens* (...)" (grifo nosso). Carta Mundial da Natureza de 1982 (A/RES/37/7 [1982], 28 out. 1982).

[21] Preâmbulo: "As partes contratantes, conscientes do *valor intrínseco da diversidade biológica* e dos valores ecológico, genético, social econômico, científico, cultural, recreativo e estético da diversidade biológica e de seus componentes (...)" (grifo

No entanto, quando do tratamento das questões ambientais, parece-nos importante levar em consideração as preocupações sociais e a importância da efetivação dos direitos humanos, até mesmo porque o excesso de conservadorismo ambiental também pode dificultar a sobrevivência e o desenvolvimento de diversas comunidades que dependem de forma direta dos recursos naturais, entre elas, as comunidades de ribeirinhos, as tribos indígenas e os pequenos agricultores e pescadores.

Ao mesmo tempo, como praticamente todas as atividades humanas – e não somente aquelas necessárias para a realização dos direitos humanos – têm como base a utilização de recursos naturais (água, ar, plantas, derivados do petróleo, entre outros), não se pode conceber que a dependência humana desses recursos justifique uma lógica extrativista desenfreada, baseada em modelos de desenvolvimento econômico que não levam em consideração a sustentabilidade dos processos naturais e a necessidade de se preservar a biodiversidade.

De fato, os adeptos dos modelos de desenvolvimento não sustentável costumam colocar proteção ambiental e direitos humanos em posição de conflito insolúvel, opinião que não mais se sustenta diante da conscientização massiva da interdependência entre ambos os interesses da humanidade.[22] Isso porque cada elemento da natureza, tendo ou não utilidade à primeira vista para o homem, faz parte de um todo inter-relacionado, um sistema complexo do qual depende a própria

---

nosso). Convenção sobre a Diversidade Biológica de 1992 (U.N.doc.DPI/1307, 5 jun. 1992).

[22] "Se o homem é sagrado, a natureza também o é. É preciso que o homem reintegre a natureza, o que supõe uma mudança de discernimento. É uma questão que coloca em cheque o futuro da humanidade" (tradução livre). DUPUY, René-Jean. Humanité et Environnement. *Colorado Journal of International Environmental Law and Policy*, v. 2, n. 2, 1991, p. 197.

sobrevivência humana. Assim, um recurso ambiental estrategicamente importante para o homem depende da preservação de outros recursos naturais que podem parecer desimportantes à primeira vista, o que torna a proteção do meio ambiente como um todo um verdadeiro interesse comum da humanidade.[23]

Diante de tudo isso, parece-nos mais acertado priorizar uma terceira hipótese – alternativa ao antropocentrismo e ao ecocentrismo radicais – que reflete a tendência da legislação atual, na qual não se ignora que os direitos humanos e o meio ambiente podem representar diferentes valores éticos e sociais, e que nem toda violação de direitos humanos implica necessariamente uma degradação ambiental, e vice-versa; nota-se, no entanto, que alguns interesses e objetivos são compartilhados por esses dois ramos do Direito, e é nessa área de intersecção que se entende por benéfica a contribuição de ambos os campos de forma conjunta.[24] Em outras palavras, não se exclui a possibilidade de conflitos entre proteção ambiental e efetivação dos direitos humanos, caso em que não seria prudente optar pelo tratamento da controvérsia por ambas as áreas de forma conjunta, sob pena de se deformar o próprio conceito de direito humano e de ver seu objetivo e eficácia distorcidos.[25]

Ademais, na prática, posicionar-se veementemente contra o antropocentrismo na proteção do meio ambiente pode ser demasiado radical e contraproducente, privando alguns direitos que permeiam ambas as esferas – meio ambiente e

---

[23] SHELTON, Dinah. Human Rights, Environmental Rights, and the Right to Environment, 28. *Stanford Journal of International Law* 103, pp. 109-110, 1991.

[24] Ibid., p. 105.

[25] Id. Human Rights And The Environment: What Specific Environmental Rights Have Been Recognized?, 35. *Denver Journal of International Law* 129, 2006, p. 169.

direitos humanos – de se beneficiarem do movimento que atribui cada vez mais importância aos direitos humanos na ordem internacional.

Transbordando a discussão teórica entre as visões antropocentrista e econcentrista da proteção ambiental, observa-se que, na ausência de um regime jurídico e de uma corte[26] que harmonizem produção de normas e aplicação de sanções na esfera ambiental, outros regimes internacionais de natureza diversa estão a tratar de controvérsias que envolvem questões ambientais, entre eles: a Organização Mundial do Comércio (OMC), o Tribunal Internacional do Mar, as câmaras arbitrais e as cortes internacionais de proteção dos direitos humanos. Apesar de tratarem do mesmo objeto, não raramente as normas desses diversos regimes colidem entre si, da mesma forma que ocorre com a jurisprudência proveniente desses mecanismos.

Adicionalmente, o DIMA ainda parece preocupar-se muito mais com questões transfronteiriças, do que resulta que a maior parte dos problemas ambientais enfrentados por comunidades locais não encontre guarida fora do sistema jurídico nacional. Há de se notar que, em alguns casos, as legislações nacionais não são tão abrangentes quanto o que foi firmado no campo internacional, oferecendo uma proteção aquém daquilo que a comunidade internacional espera. Nesses casos, os Estados parecem relutantes em apontar as falhas na efetivação de documentos internacionais por parte de outros

---

[26] A Corte Internacional de Justiça (CIJ) criou, em 1993, a Câmara para Assuntos Ambientais, mas até o presente momento nenhum Estado encaminhou demandas a serem analisadas por esse órgão. Disponível em: <http://www.icj-cij.org/court/index.php?p1=1&p2=4>. Acesso em: 14/1/2014.

Estados, ainda incidindo, no campo ambiental, uma lógica excessivamente soberanista.[27]

Já no campo dos direitos humanos, uma evolução progressiva com vistas a abandonar a ideia de "domínio reservado do Estado" se fez mais visível, especialmente com a possibilidade de indivíduos postularem perante cortes internacionais. Atualmente, pode-se afirmar que as violações de direitos humanos não são mais assuntos exclusivamente domésticos, cabendo à comunidade internacional intervir quando os Estados não estiverem cumprindo suas obrigações internacionais. A propósito, conforme já ponderado anteriormente, a relevância dos mecanismos de direitos humanos fica aparente quando se constata que os danos ambientais tendem a ser maiores e mais devastadores para os grupos marginalizados e vulneráveis, como os mais pobres, as minorias étnicas ou as comunidades rurais afastadas.[28]

Diante disso, os regimes internacionais de proteção dos direitos humanos parecem proporcionar um melhor tratamento de questões ambientais das quais resultem consequências sociais significativas, mostrando-se, até o presente momento, mais adequados para solucionar controvérsias de fundo ambiental que tenham como pano de fundo atos ou omissões dos Estados.

Nesse sentido, já se encontra consagrada, tanto na normativa quanto na jurisprudência internacionais, a relação entre as questões de direitos humanos e de meio ambiente. Um exemplo dessa conexão é o direito ao meio ambiente

---

[27] DOMMEN, Caroline. Claiming Environmental Rights: Some Possibilities Offered by the United Nations' Human Rights Mechanisms 11. *Georgetown International Environmental Law Review* 1, pp. 2-3, 1998.

[28] Ibid., p. 3.

sadio, consagrado expressamente em convenções de direitos humanos[29] e defendido por cortes regionais, com especial destaque para a Corte Europeia de Direitos Humanos. Com uma extensa lista de julgados que envolvem questões relacionadas à proteção ambiental, a Corte Europeia extrai implicitamente um direito ao meio ambiente sadio de outros direitos humanos já consagrados, como o direito à vida e direito à privacidade.[30]

Outro exemplo interessante nesse tocante é o direito ao desenvolvimento, que consiste no direito dos povos de perseguir livremente seu desenvolvimento econômico, social e cultural, sem o qual a realização dos outros direitos humanos resta comprometida. Originário do contexto específico da descolonização, nos anos 1960, o direito ao desenvolvimento foi uma reivindicação dos então chamados "países de terceiro mundo", especialmente daqueles que procuravam concretizar sua independência política e econômica com relação aos países industrializados e reclamavam os meios técnicos e materiais necessários para tanto.[31] Vale lembrar que o direito ao desenvolvimento não se restringe ao seu aspecto econômico, mas engloba preocupações de cunho social, como a realização

---

[29] Art. 11, §1, do Protocolo de San Salvador; art. 1º da Convenção sobre o acesso à informação, participação do público e acesso à justiça no domínio do ambiente de 1998 (Convenção de Aarhus); Princípio 1º da Declaração de Estocolmo de 1972; art. 24, Carta Africana de Direitos do Homem e dos Povos de 1981.

[30] Caso *Lopez Ostra vs. Espanha* (n. 16798/90 [1994] ECHR 46, 9 dez. 1994); Caso *Guerra e outros vs. Itália*, Corte Europeia de Direitos Humanos (116/1996/735/932, 19 fev. 1998); Caso *Taskin vs. Turquia*, Corte Europeia de Direitos Humanos, Decisão da Câmara (n. 46117/99, 10 nov. 2004); Caso *Giacomelli vs. Itália*, Corte Europeia de Direitos Humanos, Decisão da Câmara (n. 59909/00, 2 nov. 2006); Caso *Tatar vs. Romênia*, Corte Europeia de Direitos Humanos, Decisão da Câmara (n. 67021/01, 27 jan. 2009).

[31] BEDJAOUI, Mohammed. The right to development. In: BEDJAOUI, Mohammed (ed.). *International law*: achievements and prospects. Dordrecht/Paris: Martinus Nijhoff Publishers/UNESCO, 1991. pp. 1177-1203.

dos direitos humanos, e de cunho ambiental, como a proteção dos recursos naturais.[32] Assim, os recursos naturais não poderiam deixar de compor esse rol de meios necessários para assegurar o direito ao desenvolvimento, tendo em vista a sua relevância para o desenvolvimento de qualquer tipo de sociedade, desde a mais rudimentar até a mais tecnológica.

De maneira similar, o direito à autodeterminação dos povos nos remete à interligação entre meio ambiente e direitos humanos, especialmente conforme previsto em alguns diplomas legais, como no art. 1º comum aos dois Pactos Internacionais de 1966, *in verbis*:

> Para a consecução de seus objetivos, todos os povos podem dispor livremente de suas riquezas e de seus *recursos naturais*, sem prejuízo das obrigações decorrentes da cooperação econômica internacional, baseada no princípio do proveito mútuo, e do Direito Internacional. *Em caso algum, poderá um povo ser privado de seus meios de subsistência*[33] (grifo nosso).

Essa interligação entre direitos humanos e meio ambiente também pode ser extraída de uma análise conceitual no que concerne à teoria do Direito Internacional Público. Isso porque tanto o DIDH quanto o DIMA representam a força motriz de uma mudança estrutural, segundo a qual se entende possível a evolução paulatina de uma lógica de Direito Internacional de Cooperação – baseada na associação entre os Estados para que possam desfrutar dos resultados –, para uma

---

[32] "O direito ao desenvolvimento vai além do conceito de desenvolvimento puramente econômico, visto que pressupõe uma aproximação centrada nos direitos humanos. É necessário, ao se pensar o desenvolvimento, ter em mente: paz, economia, meio ambiente, justiça e democracia". PERRONE-MOISÉS, Cláudia. *Direito ao desenvolvimento e investimentos estrangeiros*. São Paulo: Oliveira Mendes, 1998. p. 56.

[33] Art. 1º (2) comum aos Pactos Internacionais de 1966.

lógica de Direito Internacional de Solidariedade[34] – com ênfase no conceito de humanidade e em seus interesses comuns.

Outra questão importante para a análise da importância do DIDH e do DIMA para a evolução do Direito Internacional é a possibilidade de a humanidade ser vista como um sujeito de direito. Nesse aspecto, os interesses comuns da humanidade, que não traduzem exatamente os interesses estatais específicos, mas sim aqueles que são caros à toda a humanidade, já serviam de base para as antigas normas do Direito Internacional Humanitário e do Direito Internacional do Trabalho. A ideia de comunidade universal, da qual se extraem interesses gerais que somente se realizam mediante a colaboração entre os Estados, ganhou vigoroso impulso a partir da positivação internacional dos direitos humanos iniciada com a Carta da ONU de 1945.[35] Hoje, o conceito de interesse comum da humanidade continua a ser afirmado por meio do desenvolvimento do Direito Internacional Penal – especialmente no que tange aos crimes contra a humanidade – e do Direito Internacional do Meio Ambiente.

Importante a ponderação de René-Jean Dupuy,[36] segundo o qual, se o homem pode agir contra a humanidade, a humanidade deve ser investida de normas universais aptas a proteger seus interesses. Isso porque a humanidade não se limita ao

---

[34] Alberto do Amaral Júnior, trabalhando a tese de Wolfgang Friedmann, o qual faz a divisão entre Direito Internacional de Coexistência (regras de abstenção, ligadas à paz e à guerra, à maximização do poder) e Direito Internacional de Cooperação (interdependência), achou por bem acrescentar uma terceira fase: Direito Internacional de Solidariedade (fortalecimento dos vínculos, interesses comuns). Interessante notar que essas fases não se sobrepõem exatamente, mas continuam a permear o DIP de forma complementar. Cf. AMARAL JÚNIOR, Alberto do, op. cit., pp. 675-686.

[35] Ibid., p. 627.

[36] DUPUY, René-Jean, op. cit., pp. 198-199.

conjunto de homens, mas engloba indivíduos, comunidades, pessoas jurídicas e Estados. Esse caráter "englobante" da humanidade é uma construção que evolui com o tempo.

Sobre isso, frisa-se, já em 1970, a importância da decisão da Corte Internacional de Justiça (CIJ) no caso Barcelona Traction Ltd.,[37] no sentido de que os Estados têm obrigações perante a comunidade internacional. Segundo a CIJ, essas obrigações têm natureza *erga omnes* e referem-se especialmente à proteção dos direitos humanos. Posteriormente, no caso Testes Nucleares de 1974, também perante a CIJ, o célebre voto dissidente comum de quatro juízes relembrou o *dictum* relativo às obrigações *erga omnes* do caso Barcelona Traction Ltd., invocando, dessa feita, obrigações perante a comunidade internacional no sentido de proceder a avaliações prévias sobre o impacto ambiental que os testes nucleares podem ocasionar no meio ambiente atmosférico e marítimo.[38]

---

[37] 33. "(...) an essential distinction should be drawn between the obligations of a State towards the international community as a whole, and those arising vis-à-vis another State in the field of diplomatic protection. By their very nature the former are the concern of all States. In view of the importance of the rights involved, all States can be held to have a legal interest in their protection; they are obligations *erga omnes*. 34. Such obligations derive, for example, in contemporary international law, from the outlawing of acts of aggression, and of genocide, as also from the principles and rules concerning the *basic rights of the human person*, including protection from slavery and racial discrimination (...)" (grifo nosso). Caso *Bélgica vs. Espanha*, Barcelona Traction, Light and Power Company Limited (Decisão de Julgamento da Corte Internacional de Justiça, de 5 fev. 1970), §33-34. Disponível em: <http://www.icj-cij.org/docket/files/50/5387.pdf>. Acesso em: 7/12/2013.

[38] "(...) With regard to the rights to be free from atmospheric tests, said to be possessed by New Zealand *in common with other States*, the question of "legal interest" again appears to us to be part of the general legal merits of the case. If the materials adduced by New Zealand were to convince the Court of the existence of a general rule of international law, prohibiting atmospheric nuclear tests, the Court would at the same time have to determine what is the precise character and content of that rule and, in particular, whether it confers a right on every State individually to prosecute a claim to secure respect for the rule. In short, the question of "legal interest" cannot be separated from the substantive legal issue of the existence and scope of the alleged rule of customary international law. Although we recognize

Ademais, algumas convenções sob os auspícios da ONU passaram a consagrar em seus textos a noção de "patrimônio comum da humanidade", como é o caso da Convenção das Nações Unidas sobre o Direito do Mar de 1982 (*Montego Bay Convention*), segundo a qual o subsolo e o fundo marinhos, que não pertencem a nenhuma jurisdição nacional, assim como seus recursos naturais, são considerados patrimônio comum da humanidade, razão pela qual: (i) os Estados não podem adquirir o que deles for extraído e (ii) a possível exploração deve levar em consideração o interesse geral. O termo "patrimônio comum da humanidade", que remete aos elementos materiais – isto é, os recursos e a proteção de áreas específicas –, foi aos poucos sendo substituído pelo termo "interesse comum da humanidade", em alguns documentos também explicitado como "preocupação comum da humanidade" que se refere mais especificamente aos *processos ambientais específicos*. Quanto a isso, Amaral Júnior[39] exemplifica:

> A Convenção sobre Mudança Climática não considera o clima ou a atmosfera interesse comum da humanidade, mas tão somente as alterações climáticas e os efeitos adversos que essa circunstância provoca (...) enquanto a noção de patrimônio comum da humanidade focaliza a divisão equitativa dos benefícios, o regime jurídico do interesse comum concentra-se na repartição justa dos ônus da cooperação exigida para resolver os problemas ambientais.

---

that the existence of a so-called *actio popularis* in international law is a matter of controversy, *the observations of this Court in the Barcelona Traction*, Light and Power Company, Limited case, Second Phase, I.C.J. Reports 1970, at page 32, *suffice to show that the question is one that may be considered as capable of rational legal argument and a proper subject of litigation before this Court*" (grifo nosso). Caso Testes Nucleares (*Nova Zelândia vs. França*) (voto comum dissidente dos Juízes Onyeama, Dillard, Jimgnez de Aréchaga e Sir Humphrey Waldock, Corte Internacional de Justiça, 20 de dezembro de 1974), §52.

[39] AMARAL JÚNIOR, Alberto do, op. cit., p. 630.

Seja como for, ao assumir uma posição favorável ao enquadramento da humanidade na categoria de sujeito de direito internacional, direção para a qual o Direito Internacional Público, com certa parcimônia, parece estar caminhando, é possível afirmar que a humanidade como um todo tem direito a um meio ambiente sadio e que os Estados têm a obrigação de exercer suas competências de forma a respeitar esse direito intrínseco da humanidade. É o que ocorreu na Convenção sobre o Direito do Mar de 1982, que estabeleceu, em seu preâmbulo, que a humanidade é titular dos direitos de exploração das riquezas que venham a ser encontradas nos fundos marinhos.[40]

Apesar dessa evolução favorável aos conceitos de humanidade e de seus interesses comuns, não se nega que os Estados continuam a ser o principal sujeito de direito do Direito Internacional e que o ideal kantiano de uma confederação universal de Estados livres, construída sobre a base de princípios republicanos e de homogeneidade entre as diversas nações, ainda é um projeto em fase inicial de construção.[41] Mesmo assim, também não se pode negar que tanto o DIMA quanto o DIDH exercem um papel relevante nessas mudanças estruturais e de função do Direito Internacional Público.

Ainda, sobre o conceito de humanidade, observa-se uma ampliação de seu conteúdo. Termos como o "direito das futuras gerações" ou "em benefício das futuras gerações" passaram a permear o Direito Internacional, desde a Carta da

---

[40] Para o devido controle da proteção marinha, a Convenção Internacional sobre o Direito do Mar criou, em 1994, a Autoridade Internacional dos Fundos Marinhos, que tem competência para regular a exploração dos recursos e adotar medidas com vistas a proteger o meio ambiente (arts. 137 e ss.).

[41] BOBBIO, Norberto. O terceiro ausente: ensaios e discursos sobre a paz e a guerra. Barueri: Manole, 2009. pp. 128-130.

ONU de 1945 até os documentos mais recentes,[42] e estão cada vez mais presentes em inúmeras Constituições. Nesse tocante, ressalta-se a importância da elaboração, originária do Relatório Brundtland de 1987,[43] do conceito de "desenvolvimento sustentável", segundo o qual as necessidades das presentes gerações devem ser atendidas sem que se comprometa a capacidade de as gerações futuras atenderem às suas próprias necessidades. Segundo esse relatório:

> (...) em essência, o desenvolvimento sustentável é um processo de transformação no qual a exploração dos recursos, a direção dos investimentos, a orientação do desenvolvimento tecnológico e a mudança institucional se harmonizam e reforçam o potencial presente e futuro, a fim de atender às aspirações humanas.[44]

Uma das maiores especialistas do tema, Edith Brown Weiss,[45] defende que a espécie humana detém a mera posse temporária do meio ambiente natural do planeta, da mesma forma que todos os membros das gerações passadas e futuras. Como membros da geração presente, nós somos beneficiários

---

[42] Declaração Universal dos Direitos Humanos de 1948, Convenção para a Prevenção e a Repressão do Crime de Genocídio de 1948, Convenção sobre a Eliminação de Todas as Formas de Discriminação Racial de 1969, Declaração de Estocolmo de 1972, Convenção sobre a Conservação das Espécies Migratórias de Animais Selvagens de 1979, Convenção sobre Mudança Climática de 1992 e Convenção sobre a Diversidade Biológica de 1992.

[43] Relatório elaborado pela Comissão Mundial sobre Meio Ambiente e Desenvolvimento em 1987 (A/42/427, 4 August 1987). Disponível em: <http://www.un-documents.net/a42-427.htm>. Acesso em: 13/1/2014.

[44] COMISSÃO MUNDIAL SOBRE MEIO AMBIENTE E DESENVOLVIMENTO-CMMAD. *Nosso futuro comum*. 2. ed. Rio de Janeiro: Fundação Getúlio Vargas, 1991. p. 49.

[45] BROWN WEISS, Edith. The Evolution of International Water Law. *Recueil des cours* (Hague Academy of International Law), v. 331, pp. 163-404, 320-323, 2007.

do planeta e, assim, temos sua posse "em confiança" para as futuras gerações.[46]

São duas as premissas em que se baseia a chamada teoria da equidade intergeracional.

A primeira delas é a nossa relação com o sistema ecológico do qual fazemos parte, pois o meio ambiente nos possibilita a vida, podendo também nos ser hostil, especialmente com o aumento das catástrofes naturais que acarretam consequências graves aos seres humanos; como membros da única espécie que tem a capacidade de moldar sua relação com o meio ambiente, temos a responsabilidade de cuidar do planeta. Essa responsabilidade é colocada em cheque por aqueles que assumem uma visão antropocêntrica radical, pois defendem que apenas o que é útil para o homem deve ser protegido.

Essa postura utilitarista mostra-se incompatível com a segunda premissa da teoria da equidade intergeracional, a qual versa sobre nossa relação com os membros de nossa própria espécie que compõem as gerações passadas e futuras. Nesse tocante, nós, como membros da geração atual, recebemos das gerações passadas uma herança natural e cultural que não deve ser dilapidada em nome de interesses imediatos, uma vez que temos o dever de repassar essa herança, no mínimo nas mesmas condições que recebemos, às gerações futuras, para que elas tenham a possibilidade de satisfazer suas próprias necessidades.

---

[46] A autora ainda acrescenta a necessidade de se estabelecer uma *equidade intrageracional*, isto é, entre grupos dentro de uma mesma geração, com o objetivo de destacar a miséria como a principal causa da degradação ecológica em decorrência da superexploração dos recursos disponíveis. Cf. ibid., pp. 311-320.

Em apertada síntese, Edith Brown Weiss[47] defende que a geração atual tem o direito de usar e gozar do sistema natural, mas não tem o direito de comprometer sua riqueza (*robustness*) e integridade, devendo preservá-lo para aqueles que virão. Com esse objetivo, três direitos principais, e respectivas obrigações, são propostos: (i) direito de cada geração de não receber o planeta em condições piores do que as recebidas pela geração anterior (*conservation of options*); (ii) direito de cada geração de herdar a diversidade de recursos naturais e culturais em um patamar no mínimo comparável à recebida pela geração anterior (*conservation of quality*); (iii) direito de cada geração de ter um acesso equitativo aos usos e benefícios do patrimônio natural (*conservation of access*).

De maneira similar, Amaral Júnior[48] esclarece que a solidariedade humana pode ser vista em três dimensões: dentro de cada grupo social; no relacionamento externo entre grupos, povos e nações; e entre as sucessivas gerações na história. Assim, o Direito Internacional parece cada vez mais aberto aos interesses das gerações futuras, sejam elas próximas ou distantes na linha do tempo.

Há quem defenda que levar em consideração os interesses das gerações futuras vai de encontro à possibilidade de desenvolvimento da geração atual, tendo em vista que essa teria de renunciar a seus desejos e necessidades em prol dos interesses daquelas. Sustenta-se, contudo, que um objetivo não exclui o outro, assim como o direito ao desenvolvimento não exclui a preservação ambiental.[49] Nesse tocante, a pró-

---

[47] Id. Our Rights and Obligations to Future Generations for the Environment. *American Journal of International Law* 84, 1990, pp. 198-207, 202-207.

[48] AMARAL JÚNIOR, Alberto do, op. cit., p. 116.

[49] Ibid., p. 117.

pria Corte Internacional de Justiça (CIJ) já ponderou que "o meio ambiente não é uma abstração, pois representa o espaço vital, a qualidade de vida e a própria saúde dos seres humanos, inclusive das gerações futuras".[50]

Uma vez compreendida a relação entre DIMA e DIDH, bem como sua relevância para a evolução prática e teórica do Direito Internacional, passa-se à análise dos documentos jurídicos internacionais de ambos os ramos que dão base normativa ao direito à água.

Foi a partir dos anos 1990 que se intensificou a conscientização sobre o uso sustentável da água. Diante da constatação de que grande parte da população mundial ainda carecia de acesso adequado a esse recurso, a comunidade internacional propôs, na ocasião da Declaração de Dublin de 1992, tratar a água como um bem econômico. A ideia partia do princípio de que preços mais altos encorajariam o uso da água apenas para o que realmente fosse necessário, minimizando o desperdício e liberando mais água para o uso doméstico e pessoal.

Percebeu-se, contudo, que a utilização exclusiva dessa abordagem criava ainda mais obstáculos para o acesso à água pelos marginalizados, pois os preços eram elevados sem que se considerassem as desigualdades estruturais entre ricos e pobres e a sua capacidade diferenciada de pagar pela água.[51] Além disso, vale relembrar que as soluções de mercado são fortemente baseadas na pressuposição da substituição do bem econômico por outro de características similares, o que

---

[50] Opinião Consultiva sobre a Licitude da Ameaça ou do Uso de Armas Nucleares de 1996. Corte Internacional de Justiça, Rep. 242, §29. Disponível em: <http://www.icj-cij.org/docket/files/95/7495.pdf>. Acesso em: 27/12/2013.

[51] BLUEMEL, Erik B. The Implications of Formulating a Human Right to Water. *Ecology Law Quarterly*, v. 31, pp. 962-963, 2004.

é problemático no caso da água, um recurso insubstituível e de vital importância para a vida humana e para o meio ambiente.[52]

O caso da Bolívia é exemplificativo desse embate entre os enfoques econômico e social da água. No final dos anos 1990, a Bolívia encontrava-se em pleno processo de privatização de suas empresas – inclusive das empresas do setor de distribuição de água –, processo este decorrente da necessidade de atrair maiores investimentos internacionais e realizado sob as recomendações do Banco Mundial, sem a participação da sociedade civil nem dos governos locais. Assim, a distribuição de água por empresas privadas, em especial por grandes multinacionais americanas e francesas que priorizavam o aspecto econômico da água e, em última análise, buscavam não apenas cobrir os custos do processo como também extrair lucro de suas atividades, gerou um aumento excessivo no preço da água – entre 10 e 100%, a depender da área –, dificultando o acesso de grande parte da empobrecida população boliviana a esse bem essencial.

As atividades agrícolas também foram afetadas pelo aumento no preço da água para a irrigação, especialmente depois que, contrariamente aos usos e costumes da região, proibiu-se qualquer forma de extração, mesmo que em pequena escala, de águas das chuvas e dos cursos d'água sem autorização das autoridades públicas. Além disso, a retirada de subvenção do governo aos serviços básicos de saneamento e distribuição de água, critério imposto pelo Banco Mundial, também contribuiu para o aumento das tarifas.[53]

---

[52] SHIVA, Vandana, op. cit., p. 32.

[53] PFRIMER, Matheus Hoffmann. *A guerra da água em Cochabamba, Bolívia: desmistificando os conflitos por água à luz da geopolítica*. Tese de doutorado apresentada

No ano de 2000, um levante popular contra tais medidas tomou proporções não imaginadas na região de Cochabamba, uma das mais afetadas pela política de privatização da distribuição de água. O movimento incluiu manifestações, paralisações sindicais e bloqueio de rodovias, dando causa a uma forte repressão militar por parte do exército boliviano, inclusive com a decretação oficial de estado de sítio. Sob forte pressão popular, o governo central aceitou diversas das reivindicações do movimento, dentre elas: o fim do aumento nas tarifas de água e da concessão do serviço de distribuição às empresas multinacionais; a anulação das leis que limitavam o direito dos camponeses e indígenas de recolher água de forma tradicional; e a previsão legal de participação popular nos processos de decisão ligados à gestão da água.

Não se deve ignorar a possível contribuição da declaração da água como um bem econômico para o seu uso sustentável, evitando-se desperdícios por parte daqueles que já têm acesso a esse bem. Contudo, o exemplo da Bolívia – que, a partir de então, se tornou um país-chave para o movimento em favor do acesso à água para todos – mostra claramente que a classificação da água exclusivamente como um bem econômico e o seu tratamento por meio de princípios de mercado, sem que se leve em consideração as questões sociais e de distribuição de renda, não contribui para a universalização do acesso à água. Por essa razão, ONGs e especialistas no assunto passaram a defender a declaração da água também como um bem público, para que os Estados possam realizar a gestão da água segundo regras e princípios que levem em consideração o seu

---

ao Programa de Pós-graduação em Geografia da Universidade de São Paulo, sob a orientação do Prof. Dr. André Roberto Martin, São Paulo, 2009, pp. 260-330.

valor fundamental para a sociedade e os interesses gerais da população.

Foi nesse contexto que se passou a defender mais especificamente a água como um direito humano, o qual pudesse ensejar obrigações para os Estados no sentido de não impedir, facilitar e implementar o acesso à água para aqueles que não podem pagar os altos preços decorrentes da lógica de mercado.

Embora o direito à água venha sendo afirmado tanto em documentos do DIMA como do DIDH, e não obstante a já citada interdependência entre esses dois ramos do Direito Internacional Público, razões metodológicas nos convidam a analisar separadamente os principais documentos de cada um desses ramos que colaboram com o estudo do direito à água.

O Direito Internacional do Meio Ambiente

A Conferência Mundial sobre o Meio Ambiente Humano de 1972 foi o marco inicial das discussões da comunidade internacional sobre o desenvolvimento e a proteção ambiental. Seu documento de encerramento, a Declaração de Estocolmo de 1972, reuniu conclusões e aspirações definidas na conferência, declarando pela primeira vez que a água, como recurso natural, deveria ser preservada em benefício das gerações presentes e futuras.[54]

Em seguida, realizou-se a primeira conferência internacional para discutir questões ligadas exclusivamente à água: a Conferência das Nações Unidas sobre a Água, ou Conferência

---

[54] Princípio 2º da Declaração de Estocolmo de 1972: "os recursos naturais da terra, incluídos o ar, a água, a terra, a flora e a fauna e, especialmente, amostras representativas dos ecossistemas naturais, devem ser preservados em benefício das gerações presentes e futuras, mediante uma cuidadosa planificação ou ordenamento". Disponível em: <http://www.mma.gov.br/estruturas/agenda21/_arquivos/esto colmo.doc>. Acesso em: 27/12/2013.

de Mar del Plata de 1977. Desse encontro resultou o Relatório da Conferência das Nações Unidas sobre a Água, segundo o qual:

> Todas as pessoas, não importando seu estágio de desenvolvimento e suas condições sociais e econômicas, têm *direito ao acesso à água potável* em quantidades e qualidade suficientes para suas necessidades básicas (grifo nosso).[55]

Essa foi a primeira oportunidade em que o direito à água foi explicitado em um documento jurídico internacional. Além disso, essa mesma conferência também deu origem à Década Internacional do Saneamento Básico (*International Drinking Water Supply and Sanitation Decade*) de 1981 a 1990, período no qual os Estados assumiram compromissos de melhorar o fornecimento da água e de saneamento básico para seus cidadãos.

Posteriormente, salienta-se a importância da Conferência Internacional sobre a Água e o Meio Ambiente de 1992, que deu origem à Declaração de Dublin de 1992. Esse documento chamou a atenção para a necessidade de se estabelecer um preço acessível à água, além de princípios e políticas internacionais relativos ao recurso, bem como declarou formalmente sua finitude e vulnerabilidade, reforçando a ideia de que a água é um bem fundamental a ser preservado.

Essa preocupação com o acesso à água foi contemplada, no mesmo ano, nas discussões da Conferência das Nações Unidas sobre Meio Ambiente e Desenvolvimento de 1992 (Rio 92). Nesse sentido, a Agenda 21 – documento resultante da Rio 92 – estabeleceu as diretrizes de planejamento para o desenvolvimento sustentável, definindo que "ao desenvolver e usar

---

[55] Relatório da Conferência das Nações Unidas sobre a Água de 1977. Disponível em: <http://www.ielrc.org/content/e7701.pdf>. Acesso em: 21/12/2013.

os recursos hídricos, deve-se dar prioridade à satisfação das necessidades básicas".[56] Essa prioridade às necessidades básicas pode ser interpretada como uma referência à quantidade de água utilizada para satisfazer as necessidades do consumo pessoal e doméstico de cada indivíduo, do que se depreende que a Agenda 21 já consagrava alguns critérios que constituem o que hoje chamamos de direito humano à água.

Os documentos listados, apesar de demonstrarem um consenso e o início da vontade política de reconhecer o direito à água, são criticados por terem *status* de declarações, resoluções e princípios que não possuem força obrigatória. De fato, o DIMA é permeado por documentos da chamada *soft law*, que incide mais no campo da política e da vinculação moral e é constituída por normas de aplicação programática desprovidas de sanções judiciais.

Mesmo assim, o reconhecimento de critérios relativos ao direito à água em numerosos documentos da *soft law* demonstra que a afirmação desse direito não constitui uma novidade no campo do Direito Internacional. Isso porque a *soft law* tem capacidade de se transformar em costume internacional, assim como sustentou René-Jean Dupuy,[57] ao defender que os princípios da Declaração de Estocolmo – dentre eles o Princípio 2º sobre o direito à água – já teriam adquirido o *status* de costume. Os documentos da *soft law* podem, ainda, impulsionar a criação de convenções, essas sim de aplicação obrigatória (*hard law*).

---

[56] Item 18 (8), capítulo 18, da Agenda 21. Disponível em: <http://www.mma.gov.br/responsabilidade-socioambiental/agenda-21/agenda-21-global>. Acesso em: 6/12/2013.

[57] DUPUY, René-Jean, op. cit., p. 201.

Portanto, esses documentos são importantes para a definição do direito à água e não podem ser negligenciados, devendo ser analisados em conjunto com as previsões do Direito Internacional dos Direitos Humanos.

Contudo, não são somente os documentos da *soft law* que colaboram para afirmação do direito à água. Do cruzamento do DIMA com o que se convencionou chamar de Direito Internacional da Água – grupo de normas e princípios do Direito Internacional que tratam da utilização e da preservação dos recursos hídricos compartilhados pelos Estados –, surgem documentos de aplicação obrigatória que são fontes ricas para o nosso estudo. Embora esses documentos não tenham sido elaborados com a finalidade inicial de promover ou criar direitos individuais, mas sim de firmar obrigações entre Estados que compartilham recursos hídricos, algumas de suas previsões acabam por advogar em favor do direito humano à água.

Nesse sentido, a Convenção sobre o Direito dos Usos Não Navegáveis dos Cursos de Águas Internacionais de 1997 dispõe que as partes devem adotar medidas apropriadas para que os cursos d'água compartilhados sejam utilizados de maneira razoável e equitativa. Além disso, em oposição à ideia clássica de que nenhum uso dos recursos hídricos tem prioridade sobre os demais, esse documento prevê que alguns usos são prioritários, especialmente o fornecimento de recursos hídricos para atender às "necessidades humanas" (art. 10, §2). Apesar de ainda não ter entrado em vigor, essa convenção inspirou diversos documentos regionais do Direito Internacional da Água e, de acordo com a Corte Internacional de Justiça (CIJ), algumas de suas regras já adquiriram valor costumeiro.[58] Segundo a interpretação externada pela Associação de

---

[58] COULÉE, Frédérique. Rapport Général du droit international de l'eau à la reconnaissance internationale d'un droit à l'eau: les enjeux. In: COULÉE, Frédérique, op. cit., p. 25; Caso *Gabíkovo-Nagymaros* (*Hungria vs. Eslováquia*), (CIJ, decisão de 25 de setembro de 1997). Disponível em: <http://www.icj-cij.org/docket/

Direito Internacional (*International Law Association* – ILA), os recursos hídricos destinados às "necessidades humanas" mencionados pelo dispositivo em questão devem cobrir as necessidades imediatas para a sobrevivência humana, incluindo a alimentação, a higiene e as atividades domésticas.[59]

No âmbito regional europeu, o Protocolo Adicional sobre Água e Saúde de 1999, que complementa a Convenção sobre a Proteção e Uso do Curso de Águas e Lagos Internacionais que Atravessam Fronteiras de 1992, determina que os Estados devem adotar medidas apropriadas para prover acesso à água potável e ao saneamento à população, bem como proteger as fontes de água potável da poluição.[60] Da mesma forma, a Carta Europeia sobre a Água, elaborada em 1967 e atualizada em 2001, estabelece que todos têm direito a uma "quantidade mínima suficiente de água para suas necessidades básicas", chamando também a atenção para a qualidade da água e para a necessidade da participação dos cidadãos nas decisões sobre a gestão da água.[61]

O mesmo se observa no âmbito africano, onde a Convenção Africana sobre a Conservação da Natureza e dos Recursos

---

index.php?sum=483&code=hs&p1=3&p2=3&case=92&k=8d&p3=5>. Acesso em: 6/12/2013.

[59] Cf. BULTO, Takele Soboka. The Emergence of the Human Right to Water in International Human Rights Law: invention or discovery? Centre for International Governance and Justice Working Paper n. 7, April 2011, p. 28; art. 3º (20), das Regras de Berlim de 2004, elaboradas pela Associação de Direito Internacional (ILA). Disponível em: <http://www.ila-hq.org/>. Acesso em: 12/12/2013.

[60] Arts. 4º (2) (c) e 5º (l), do Protocolo Adicional à Convenção sobre a Proteção e Uso do Curso de Águas e Lagos Internacionais que Atravessam as Fronteiras sobre Água e Saúde, de 1999. Disponível em: <http://www.unece.org/fileadmin/DAM/env/documents/2000/wat/mp.wat.2000.1.e.pdf>. Acesso em: 21/12/2013.

[61] Arts. 5º, 17 e 19 da Recomendação 14 (2001) do Comitê de Ministros aos países membros da Carta Europeia sobre a Água (adotada pelo Comitê de Ministros em 17 de outubro de 2001). Disponível em: <https://wcd.coe.int/ViewDoc.jsp?id=231615>. Acesso em: 10/1/2014.

Naturais de 2003 prevê que os Estados devem se esforçar para garantir à população o fornecimento suficiente e contínuo de água.[62] Além disso, a Carta do Rio Senegal de 2002[63] e a Carta das Águas da Bacia do Niger de 2008[64] consagram, de forma expressa, o direito à água como um direito humano.

No que concerne ao Mercosul, o Acordo-Quadro sobre o Meio Ambiente de 2001 define que a qualidade de vida e o planejamento ambiental devem ser trabalhados por meio da cooperação, destacando o acesso ao saneamento básico e à água potável como interesses comuns a serem priorizados.[65]

Dessa maneira, a partir da análise das normas do DIMA e também do Direito Internacional da Água, é possível constatar a existência de elementos que traduzem a obrigação dos Estados de priorizar e garantir o acesso à água e ao saneamento à sua população. Esses elementos, apesar de estarem consagrados de forma dispersa e incompleta, reforçam a opinião de alguns especialistas que entendem que o direito humano à água – atualmente tratado como prioridade na pauta dos direitos humanos – é muito mais uma constatação tardia do que uma invenção atual.[66] Apesar disso, a verdadeira consagração de um direito humano à água somente poderia ser confirmada a partir do seu reconhecimento na normativa e

---

[62] Art. 5º (1) da Convenção Africana sobre a Conservação da Natureza e dos Recursos Naturais de 2003 (CAB/LEG/24.1, 15 set. 1968). Disponível em: <http://www.africa-union.org/root/au/Documents/Treaties/Text/Convention_Nature%20&%20Natural_Resources.pdf>. Acesso em: 21/4/2012.

[63] Arts. 4º, 8º e 10 da Carta do Rio Senegal de 2002.

[64] Art. 11 da Carta das Águas da Bacia do Niger de 2008.

[65] Item 2 (2a) do anexo do Acordo-Quadro sobre Meio Ambiente do Mercosul (Mercosul/Cmc/Dec. No 02/01). Disponível em: <http://www.mercosur.int/ms-web/Normas/Tratado%20e%20Protocolos/Dec_002_001_Acordo%20Meio%20Ambiente_MCS_Ata%201_01.pdf>. Acesso em: 13/1/2014.

[66] BULTO, Takele Soboka, op. cit., pp. 29-30.

na jurisprudência do Direito Internacional dos Direitos Humanos, hipótese que será analisada detalhadamente nas páginas que seguem.

O Direito Internacional dos Direitos Humanos

Para que se compreendam as características e os contornos do direito à água no Direito internacional, faz-se mister analisar a evolução normativa e jurisprudencial desse direito nos documentos do Direito Internacional dos Direitos Humanos.

Preliminarmente, uma breve ressalva metodológica merece ser mencionada: a fim de facilitar a compreensão do tema, optou-se, nesta parte da obra, pela divisão entre a afirmação de um direito à água implícito – decorrente de documentos jurídicos que não o afirmam expressamente – e de um direito à água afirmado de forma explícita.

a) O direito à água implícito

Uma série de documentos jurídicos internacionais podem embasar, mesmo que implicitamente, a existência do direito água. Analisaremos a seguir os principais documentos dessa natureza, abordando, inicialmente, os diplomas de cunho universal e, em um segundo momento, os documentos da normativa regional.

- **No âmbito universal**

Já em 1993, o jurista Stephen C. McCaffrey, pioneiro no estudo do direito humano à água, manifestou certo espanto com o fato de esse direito não ter sido mencionado pela Declaração Universal dos Direitos Humanos de 1948 (Declaração Universal), nem mesmo pelos seus dois Pactos Internacionais de 1966, os quais deram maior precisão e tornaram obrigatórios os dispositivos da Declaração Universal.

Segundo ele, essa omissão representa um deslize que pode ter sido cometido por três motivos: (i) a relutância em se constatar o óbvio – que a água, assim como o ar, é pressuposto para o gozo de todos os direitos humanos; (ii) o fato de que a rarefação da água e a sua poluição, até meados da década de 1960, não eram considerados assuntos urgentes; e (iii) certa consciência dos grandes desafios na implementação de um direito humano à água.[67]

Os dois primeiros motivos enumerados parecem mais plausíveis, uma vez que as dificuldades na implementação de diversos direitos humanos que demandam esforços constantes e recursos materiais por parte dos Estados, entre eles o direito à moradia e/ou o direito à alimentação, jamais constituíram obstáculos suficientes para sua não inclusão nos documentos legais.

De fato, por muito tempo considerou-se que a água seria um recurso natural disponível livremente e à disposição do homem, da mesma forma que o ar. O erro nesse caso não estava apenas na avaliação sobre a disponibilidade dos recursos hídricos,[68] mas também na ausência de preocupação com o desenvolvimento da infraestrutura necessária para possibilitar o acesso adequado aos serviços de tratamento e distribuição de água.[69]

Apesar de não citar expressamente a água em sua redação, o art. 25, §1, da Declaração Universal de 1948, que versa

---

[67] McCAFFREY, Stephen C.; NEVILLE, Kate J. Small Capacity and Big Responsibilities: Financial and Legal Implications of a Human Right to Water for Developing Countries, 21. *Georgetown International Environmental Law Review* 679, p. 681, 2009.

[68] Cf. Introdução, supra, pp. 17-41.

[69] WINKLER, Inga T. *The Human Right do Water*: Significance, Legal Status and Implications for Water Allocation. Oxford: Hart Publishing, 2012. p. 42.

sobre o "direito à saúde e ao bem-estar"[70] e apresenta um rol meramente exemplificativo de direitos, poderia ser interpretado extensivamente no sentido de incluir o direito à água sob sua proteção, uma vez que a inviabilidade do exercício desse direito configura um obstáculo claro à plena satisfação dos demais direitos elencados. De fato, dificilmente a expressão "serviços sociais indispensáveis" poderia ser interpretada de maneira a excluir os serviços de distribuição de água e saneamento.

Não se pretende analisar em detalhes a polêmica discussão doutrinária sobre a natureza jurídica da Declaração Universal, considerada por uns uma mera resolução da Assembleia Geral da ONU, desprovida da autoridade de uma convenção, e, por outros, um conjunto de normas de aplicabilidade obrigatória que integra o direito costumeiro internacional.[71] Levando em conta essa divisão da doutrina e a insegurança que ela origina na teoria dos direitos humanos, a tentativa inicial de fundamentar o direito à água na Declaração Universal não nos parece satisfatória para afirmar um direito à água juridicamente garantido no âmbito internacional.

---

[70] Art. 25 (1): "Toda pessoa tem direito a um padrão de vida capaz de assegurar a si e a sua família saúde e bem-estar, inclusive alimentação, vestuário, habitação, cuidados médicos e os *serviços sociais indispensáveis*, e direito à segurança em caso de desemprego, doença, invalidez, viuvez, velhice ou outros casos de perda dos meios de subsistência fora de seu controle" (grifo nosso). Declaração Universal dos Direitos Humanos de 1948. Disponível em: <http://portal.mj.gov.br/sedh/ct/legis_intern/ddh_bib_inter_universal.htm>. Acesso em: 20/3/2013.

[71] Para maior aprofundamento sobre o *status* jurídico da Declaração Universal dos Direitos Humanos de 1948, cf. BROWNLIE, Ian. International law at the fiftieth anniversary of the United Nations, general course on public international law, R.C.A.D.I., 1995, v. 255, p. 80; LAFER, Celso. Declaração Universal dos Direitos Humanos (1948). In: MAGNOLI, Demétrio (org.). *História da paz*: os tratados que desenharam o planeta. São Paulo: Contexto, 2008. pp. 297-329.

Em 1966, os direitos humanos presentes na Declaração Universal recebem maior proteção jurídica quando de sua nova consagração pelos Pactos Internacionais. Esses documentos, desta feita de natureza jurídica indiscutivelmente obrigatória para os Estados que os ratificaram,[72] contam com órgãos devidamente designados para interpretá-los e averiguar sua aplicação pelos Estados Partes.

No caso do Pacto Internacional sobre Direitos Civis e Políticos de 1966 (Pacto Civil), aventa-se a possibilidade de o direito à água estar contido no "direito à vida" (art. 6º).[73] No tocante às obrigações provenientes do direito à vida, inicialmente se entendia que esses direitos seriam essencialmente negativos, isto é, que o Estado deveria apenas se abster de impedir a sua realização, ficando proibido de agir arbitrariamente contra a vida de seus cidadãos. Contudo, essa ideia não se sustenta mais nos dias de hoje, passando-se a considerar o direito à vida também como um direito positivo, o qual compele os Estados a empreenderem ações afirmativas para oferecer condições necessárias para a vida de seus cidadãos, sempre buscando a plena consecução desse direito humano.

Essa última interpretação foi mais tarde corroborada pelo Comitê de Direitos Humanos, órgão incumbido de interpretar o Pacto Civil, ao publicar o Comentário Geral n. 6 de 1982,[74] no qual indicou que, além de não colocar entraves ao direito à vida, os Estados devem assegurar "meios de

---

[72] O Pacto Internacional sobre os Direitos Civis e Políticos foi ratificado por 167 Estados, e o Pacto Internacional sobre os Direitos Econômicos, Sociais e Culturais foi ratificado por 161 Estados. Disponível em: <https://treaties.un.org/>. Acesso em: 10/1/2014.

[73] BROWN WEISS, Edith, op. cit., p. 328.

[74] General Comment n. 6: The right to life (art. 6) (04/30/1982.CCPR). Disponível em: <http://www.unhchr.ch/tbs/doc.nsf/0/84ab9690ccd81fc7c12563ed0046fae3>. Acesso em: 10/1/2014.

sobrevivência" por meio da adoção de medidas positivas para reduzir a mortalidade infantil, aumentar a expectativa de vida e eliminar a subnutrição e as epidemias. Nesse contexto, poder-se-ia inferir que o acesso à água e ao saneamento adequados seria uma das "condições necessárias" para a realização do direito à vida.

Não obstante esse comentário constituir uma interpretação importante para esclarecer definitivamente quais são as obrigações dos Estados perante o direito à vida, e apesar de haver uma clara conexão entre esse direito humano e o direito à água, não se pode defender a judicialização do direito à água somente em decorrência do direito à vida. Ao fazê-lo, incorre-se no risco de se afirmar um direito à água minimalista, que trate apenas do acesso à água para a sobrevivência, negligenciando diversos outros aspectos constitutivos do direito à água, entre eles o fornecimento de água para satisfazer as necessidades ligadas à higiene pessoal e doméstica, a qualidade adequada de forma contínua e não discriminatória, entre outros aspectos que serão mais detalhadamente analisados no decorrer desta obra.[75]

O Pacto Internacional sobre Direitos Econômicos, Sociais e Culturais de 1966 (Pacto Econômico), por sua vez, dá ensejo a análises e inferências mais concretas sobre a existência do direito à água. Nesse sentido, o Comitê de Direitos Econômicos, Sociais e Culturais (Comitê Econômico), órgão responsável pela interpretação desse documento, já declarou, no Comentário Geral n. 14 de 2000,[76] que os padrões mí-

---

[75] Cf. "Características do direito à água", infra, pp. 129-150.

[76] General Comment n. 14: The right to the highest attainable standard of health (art. 12) (8/11/2000.E/C.12/2000/4). Disponível em: <http://www.unhchr.ch/tbs/doc.nsf/(symbol)/E.C.12.2000.4.En>. Acesso em: 10/1/2014.

nimos relativos ao direito à saúde (art. 12) somente podem ser alcançados uma vez que o acesso à água potável e ao saneamento adequado estiver garantido. Além disso, o Comitê Econômico elaborou o Comentário Geral n. 15 de 2002,[77] considerado o documento mais completo sobre o direito à água, explicitando as obrigações decorrentes desse direito e delimitando com precisão seus contornos. Trataremos em detalhe desse e de outros documentos que afirmam expressamente o direito à água no subcapítulo seguinte.

Além dos documentos que compõem a Carta Internacional de Direitos Humanos – Declaração Universal e seus dois Pactos – e das resoluções e decisões dos órgãos responsáveis por interpretá-los, pode-se extrair implicitamente o direito à água de outros documentos jurídicos de cunho universal. Dentre eles, destaca-se a Convenção sobre a Eliminação de Todas as Formas de Discriminação Racial de 1969, que prevê o direito à habitação (art. 5º, e, iii), à saúde pública, ao tratamento médico, à previdência social e aos serviços sociais (art. 5º, e, iv). A privação dos serviços relativos ao fornecimento de água e de saneamento fundada na origem étnica pode constituir exemplo de violação a esses dispositivos.

Ainda, a Convenção contra a Tortura e Outros Tratamentos ou Penas Cruéis, Desumanos ou Degradantes de 1991 proíbe certas privações que podem configurar dores ou sofrimentos agudos, físicos ou mentais (art. 1º). A privação de água e de saneamento adequados pode ser inserida na referida proibição.

---

[77] Parágrafo 24 do Comentário Geral n. 15 do Comitê dos Direitos Econômicos, Sociais e Culturais das Nações Unidas, "O direito à água (arts. 11 e 12 do Pacto Internacional sobre Direitos Econômicos, Sociais e Culturais)" (E/C.12/2002/11, 20 jan. 2003). Disponível em: <http://www.unhchr.ch/tbs/doc.nsf/0/a5458d 1d1bbd713fc1256cc400389e94>. Acesso em: 10/1/2014.

- **No âmbito regional**

Documentos de cunho regional, como a Convenção Interamericana de Direitos Humanos de 1969, a Convenção Europeia para a Proteção dos Direitos do Homem e das Liberdades Fundamentais de 1950 e a Carta Africana de Direitos do Homem e dos Povos de 1981, apesar de não inscreverem expressamente o direito à água em seus dispositivos, também possuem previsões que podem dar ensejo ao direito à água de forma implícita. Nesse sentido, a jurisprudência das cortes competentes para a aplicação desses documentos já deixou claro que as obrigações relativas ao acesso à água e ao saneamento são essenciais para o gozo de outros direitos expressamente consagrados nessas convenções, entre eles o direito à habitação adequada, o direito à saúde e o direito à vida.

No âmbito da Organização dos Estados Americanos (OEA), a Corte Interamericana de Direitos Humanos (Corte Interamericana) já proferiu diversas decisões que versam sobre o acesso à água potável e aos serviços de saneamento, as quais se fundamentam tanto na Convenção Interamericana de Direitos Humanos de 1969 (Convenção Interamericana) quanto no seu Protocolo Adicional sobre Direitos Humanos em Matéria de Direitos Econômicos, Sociais e Culturais de 1988 (Protocolo de San Salvador).

No caso *Vélez Loor vs. Panamá* de 2010, por exemplo, a Corte Interamericana considerou que a ausência de acesso à água no caso de pessoas privadas de liberdade, as quais não se encontram em condições de satisfazer suas necessidades pessoais sozinhas, ameaça a integridade física, psíquica e moral dos indivíduos em questão, constituindo um tratamento desumano (art. 5º, §§1 e 2 da Convenção Interamericana).[78] Esse entendimento já havia sido defendido pela Corte Interamericana em diversas outras decisões sobre a falta de acesso à água e ao saneamento por parte das pessoas privadas de liberdade.[79]

No caso *Comunidad Indígena Yakye Axa vs. Paraguai* de 2005,[80] foram discutidos diversos aspectos do tratamento dispensado pelo Estado paraguaio aos membros da comunidade indígena Yakye Acha, a qual havia sido forçada a abandonar suas terras ancestrais e a viver em um assentamento temporário. Nesse local, o acesso da comunidade aos recursos naturais, inclusive à água potável, foi restrito, assim como o acesso aos serviços básicos necessários à sobrevivência, entre eles o atendimento médico e sanitário. A Corte Interamericana, baseando-se no Comentário Geral n. 15 do Comitê Econômico da ONU,[81] afirmou que o acesso à água limpa é uma das condições básicas para o exercício dos outros direitos humanos, tais como o direito à saúde (art. 10 do Protocolo de San Salvador), declarando que as populações indígenas devem beneficiar-se de uma atenção especial quanto ao acesso à água

---

[78] CIDH. Caso *Vélez Loor vs. Panamá*. Excepciones Preliminares, Fondo, Reparaciones y Costas, Arrêt de 23-nov-2010. Disponível em: <http://www.cor teidh.or.cr>. Acesso em: 24/6/2013.

[79] Id. Caso Internado Judicial de *Monagas ("La Pica") vs. Venezuela*. Resolution de la Cours, 9-fev-2006; Id. Caso *Internado Judicial Capital El Rodeo I y El Rodeo II vs. Venezuela*, Resolution de la Cours, 24-nov-2009; Id. Caso *La Cárcel de Urso Branco*. Resolución de la Corte vs. Brasil, 25-nov-2009; Id. Caso *Las Penitenciarías de Mendoza vs. Argentina*, Résolution de la Court 30-mar-2006. Disponível em: <http://www.corteidh.or.cr/bus_temas_result.cfm?buscarPor Palabras=Search&pv_Palabras=water&pv_Temas=CASOS%2CMEDIDAS&pv_ TipoDeArchivo=doc>. Acesso em: 27/12/2013.

[80] Id. Caso *Comunidad Indígena Yakye Axa vs. Paraguay*. Fondo Reparaciones y Costas, Sentencia 17 de junio de 2005. Disponível em: <http://www.corteidh. or.cr/bus_temas_result.cfm?buscarPorPalabras=Search&pv_Palabras=water&pv_ Temas=CASOS%2CMEDIDAS&pv_TipoDeArchivo=doc>. Acesso em: 26/3/2013.

[81] Cf. "No âmbito universal", supra, pp. 75-80.

e ao saneamento adequados, tendo em vista sua dependência fundamental da terra e dos recursos naturais dela provenientes.[82] A Corte entendeu, ainda, que o Estado paraguaio não tomou as medidas necessárias para a proteção do direito à vida (art. 4º da Convenção Interamericana) dos membros da comunidade, em especial das crianças e dos idosos. Em razão disso, a Corte procedeu à condenação daquele Estado.

Da decisão mencionada, destacam-se algumas obrigações estabelecidas pela Corte Interamericana especificamente com relação ao direito à água e ao saneamento, a saber:

> (...) mientras la comunidad se encuentre sin tierras, dado su especial estado de vulnerabilidad y su imposibilidad de acceder a sus mecanismos tradicionales de subsistencia, el Estado deberá suministrar, de manera inmediata y periódica, *agua potable suficiente para el consumo y aseo personal* de los miembros de la Comunidad; (...) facilitar letrinas o cualquier tipo de *servicio sanitario adecuado* a fin de que se maneje efectiva y salubremente los desechos biológicos de la Comunidad[83] (grifo nosso).

A Corte Interamericana ainda proferiu outras sentenças condenando Estados Membros. Em sua maioria, as decisões têm como fundamento o direito à vida e condenam a não adoção de medidas satisfatórias no sentido de prover água e saneamento adequado às comunidades indígenas, além

---

[82] CIDH. Caso *Comunidad Indígena Yakye Axa vs. Paraguay*. Fondo Reparaciones y Costas. Sentencia 17 de junio de 2005, §167. Disponível em: <http://www.corteidh.or.cr/bus_temas_result.cfm?buscarPorPalabras=Search&pv_Palabras=water&pv_Temas=CASOS%2CMEDIDAS&pv_TipoDeArchivo=doc>. Acesso em: 26/3/2013.

[83] Ibid., §221. Disponível em: <http://www.corteidh.or.cr/bus_temas_result.cfm?buscarPorPalabras=Search&pv_Palabras=water&pv_Temas=CASOS%2CMEDIDAS&pv_TipoDeArchivo=doc>. Acesso em: 26/3/2013.

de considerar alguns Estados responsáveis pelas mortes por doenças decorrentes da má qualidade da água.[84]

Vale notar que a Corte Interamericana firmou uma jurisprudência sólida sobre o acesso aos serviços básicos e sobre a preservação dos recursos naturais nos casos em que os afetados foram as comunidades indígenas, mas ainda não utilizou o mesmo fundamento para beneficiar outros grupos ou a população de forma geral.

Nesse contexto, o caso *Comunidad de La Oroya vs. Peru* de 2009,[85] em que se discute a contaminação de cursos d'água por motivo de poluição excessiva proveniente de uma indústria metalúrgica, representa uma oportunidade para que a corte aplique os princípios já afirmados em sua "jurisprudência indígena" em benefício da população geral.[86]

Esse caso ainda permanece em trâmite perante a Comissão Interamericana, a qual, em 2007, outorgou medidas cautelares solicitando ao Estado peruano o provimento de tratamento médico adequado para os habitantes da Comunidade de La Oroya, afetados pela poluição hídrica, os quais se encontram em situação de risco de morte ou de violação à sua integridade pessoal.[87] Até o início de 2016, o Peru não cumpriu as

---

[84] Id., Caso *Comunidad Indígena Sawhoyamaxa vs. Paraguay*. Sentencia de 29 de marzo de 2006 (Fondo, Reparaciones y Costas); Id., Caso *Comunidad Indígena Xákmok Kásek vs. Paraguay*. Sentencia de 24 de agosto de 2010 (fondo, reparaciones y costas).

[85] Id. Caso *Comunidad de La Oroya vs. Perú* (Report n. 76/09, Petition 1473-06, August 5, 2009; OEA/Ser.L/V/II., Doc. 51, corr. 1, 30 December, 2009).

[86] SPIELER, Paula. The La Oroya Case: the Relationship Between Environmental Degradation and Human Rights Violations. *Human Rights Brief*, v. 18, issue 1, pp. 18-23, especialmente p. 22, 2010. Disponível em: <http://digitalcommons.wcl. american.edu/cgi/viewcontent.cgi?article=1148&context=hrbrief>. Acesso em: 14/10/2013.

[87] Informe n. 76/09, Petición 1473-06, Admisibilidad Caso *Comunidad De La Oroya vs. Perú*, August 5, 2009. Disponível em: <http://www.cidh.oas.org/annual rep/2009sp/Peru1473-06.sp.htm>. Acesso em: 16/10/2013.

medidas cautelares, e, por esse motivo, imagina-se que em breve o caso será encaminhado à Corte Interamericana. A decisão desse órgão jurisdicional certamente fornecerá interessantes subsídios para a complementação de nosso estudo.

Mostra-se ainda importante mencionar que o Protocolo de San Salvador prevê expressamente que todos têm direito de viver em um meio ambiente sadio e de contar com serviços públicos básicos (art. 11). Essa previsão poderia servir de base legal para o "direito à água e ao saneamento" no âmbito do sistema interamericano de proteção dos direitos humanos; contudo, apenas dois dos direitos previstos no Protocolo de San Salvador podem dar ensejo a petições individuais – o direito à educação (art. 13) e os direitos sindicais (art. 8º) –, o que impede a admissão de demandas judiciais com fundamento direto no direito ao meio ambiente sadio. Por isso, tanto os demandantes como os órgãos judiciais do sistema interamericano têm preferido fundamentar suas demandas e decisões relativas a prejuízos ambientais e à falta de acesso aos recursos naturais em dispositivos da Convenção Interamericana, entre eles o direito à vida (art. 4º), o direito à integridade pessoal (art. 5º) e o direito à propriedade (art. 21), extraindo implicitamente desses dispositivos um direito ao meio ambiente sadio.

Fora do âmbito judicial, a Comissão Interamericana elaborou diversos relatórios sobre a situação dos direitos humanos nos Estados Membros, os quais tratam do direito ao meio ambiente sadio e da necessidade de se prover acesso à água e ao saneamento adequados à população. No que concerne especificamente às questões ambientais, a Comissão Interamericana tem incentivado os Estados a melhorarem o acesso à informação, a fomentarem a participação nos processos de decisão e a facilitarem a utilização dos recursos judiciais.[88] Adicionalmente, a Assembleia Geral da OEA já recomendou aos Estados que trabalhem no sentido de facilitar o acesso à água e ao saneamento adequados, salientando a importância desses serviços para a vida digna.[89]

No âmbito do Conselho da Europa (CE), organização regional criada no período pós-Segunda Guerra para assegurar a paz e o respeito aos direitos humanos na Europa, a Corte Europeia de Direitos Humanos (Corte Europeia), órgão que interpreta e julga demandas fundadas na Convenção Europeia para a Proteção dos Direitos do Homem e das Liberdades Fundamentais de 1950 (Convenção Europeia), vem analisando denúncias relativas à privação do acesso à água e aos serviços de saneamento. Uma vez que o direito à água não foi previsto pela Convenção Europeia, a Corte Europeia utiliza-se do método da interpretação evolutiva para extraí-lo dos dispositivos expressamente previstos, da mesma forma que o faz com o direito ao meio ambiente sadio.

Assim, no caso *Zander vs. Suécia* de 1993, de forma precursora, a Corte Europeia condenou o Estado sueco com base no direito à propriedade (art. 6º), em decorrência da poluição hídrica na cidade de Vasteras, a qual causou distúrbios no

---

[88] Relatório da Comissão Interamericana de Direitos Humanos sobre a situação dos Direitos Humanos em Cuba de 1983 (OEA/Ser.L/V/II.61, Doc. 29 rev. 1); Relatório da Comissão Interamericana de Direitos Humanos sobre a situação dos Direitos Humanos no Brasil de 1997 (OEA/Ser.L/V/II.97, doc. 29, rev. 1) e Relatório da Comissão Interamericana de Direitos Humanos sobre a situação dos Direitos Humanos no Equador de 1997 (OEA/Ser.L/V/II.96, Doc. 10, rev. 1). Disponíveis em: <http://www.oas.org/en/iachr/pdl/reports/country.asp>. Acesso em: 14/10/2013.

[89] Inter-American Meeting on the Economic, Social, and Environmental Aspects of the Availability of and Access to Drinking Water (AG/RES. 2347, 5 jun. 2007); Resolution on Water, Health, And Human Rights (AG/RES. 2349, 5 jun. 2007); Resolution on the Human Right to Safe Drinking Water and Sanitation (AG/RES. 2760, XLII-O/12, 5 jun. 2012).

acesso à água potável, impedindo que os peticionários continuassem a utilizar-se dos cursos d'água que permeavam suas propriedades para fins de consumo pessoal.[90]

Em outras situações, como no caso *Lopez Ostra vs. Espanha* de 1994, a Corte decidiu em favor dos demandantes que reclamavam da poluição, inclusive hídrica, como causa de distúrbios que prejudicaram sua saúde e impediram o gozo de seu direito à proteção da vida privada e familiar (art. 8º).[91]

Posteriormente, a Corte Europeia passou a condenar os Estados com base na proibição aos tratamentos desumanos (art. 3º), especialmente nos casos em que foi negado acesso à água e aos serviços de saneamento adequados às pessoas privadas de liberdade.[92]

Ainda sob os auspícios do Conselho da Europa, as decisões do Comitê Europeu de Direitos Sociais (Comitê Social) também refletem a preocupação com o acesso à água e ao saneamento. O Comitê Social é responsável por verificar a aplicação da Carta Europeia de Direitos Sociais de 1961 (Carta Social), documento jurídico que dispõe sobre direitos sociais, uma vez que a Convenção Europeia somente contempla direitos civis e políticos. Não obstante a ausência da previsão do direito à água também na Carta Social, o Comitê Social tem admitido e analisado demandas relacionadas ao acesso à

---

[90] CEDH. Case *Zander vs. Sweden* (Application n. 14282/88). Judgment, Strasbourg, 25 November 1993.

[91] Id. Affaire *Lopez Ostra vs. Espagne* (Requête n. 16798/90). Arrêt, Strasbourg, 9 décembre 1994;

[92] Id. Affaire *Catan vs. Roumanie* (Requête n. 10473/05). Arrêt, Strasbourg, 29 janvier 2013; Id., Affaire *Torreggiani et Autres vs. Italie* (Requêtes nn. 43517/09, 46882/09, 55400/09, 57875/09, 61535/09, 35315/10 Et 37818/10). Arrêt, Strasbourg, 8 Janvier 2013; Id., Affaire *Iorgoiu vs. Roumanie* (Requête n. 1831/02). Arrêt, Strasbourg, 17 Juillet 2012. Disponível em: <http://www.echr.coe.int/Pages/home.aspx?p=home>. Acesso em: 22/12/2013.

água e ao saneamento com base em outros direitos humanos, especialmente nos casos em que os demandantes fazem parte de grupos vulneráveis ou marginalizados, como os ciganos, os imigrantes e os sem-teto.

Assim, na reclamação *European Roma Rights Centre vs. Itália* de 2005, o Comitê Social entendeu que o Estado italiano descumpriu suas obrigações ao não prover acesso às instalações básicas de água e de saneamento para parte da população cigana que habitava em acampamentos de forma permanente, acesso esse que deveria ser garantido em decorrência do direito à moradia (art. 31).[93]

Ainda, o Comitê Social proferiu decisões com base no "direito da família à proteção social, jurídica e econômica" (art. 16), dentre elas, a condenação do Estado croata no caso *Centre on Housing Rights and Evictions (COHRE) vs. Croatia* de 2008,[94] em razão do tratamento discriminatório, no seio de seu programa de habitação, dedicado às famílias sérvias de refugiados, as quais foram privadas do acesso aos serviços básicos de distribuição de água e de saneamento.

No âmbito da União Africana (UA), a jurisprudência da Comissão Africana de Direitos do Homem e dos Povos (Comissão Africana) relativa ao direito à água mostra-se bastante relevante para nosso estudo. Nesse sentido, no caso *Testemunhas de Jeová vs. Zaire* (atual República Democrática do Congo) de 1993,[95] a Comissão Africana condenou o Estado

---

[93] CEDS, Case *European Roma Rights Center vs. Italy* (Collective Complaint n. 27/2004, decision on the merits of 7 December 2005).

[94] Id. Case *Centre on Housing Rights and Evictions (COHRE) vs. Croatia* (Complaint n. 52/2007, Decision on the merits, date 22/6/2010).

[95] CADHP. Affaire *Les Témoins de Jehovah* c. DRC nn. 25/89, 47/90, 56/91, 100/93, §62, mars 1996, Free Legal Assistance Group, Lawyers' Committee for Human Rights, Union Interafricaine des Droits de l'Homme. Disponível em: <http://

por não colocar à disposição da população serviços básicos necessários, entre eles o acesso à água potável, utilizando como fundamento o direito à saúde (art. 16), previsto expressamente na Carta Africana de Direitos do Homem e dos Povos de 1981 (Carta Africana).

Da mesma forma, em diversas de suas Comunicações provenientes do caso *Free Legal Assistance Group and others vs. Zaire* (atual República Democrática do Congo), a Comissão Africana condenou a inação das autoridades públicas quanto ao fornecimento de água potável com base no direito à saúde.[96] Paralelamente, no caso *Sudan Human Rights Organisation & Centre on Housing Rights and Evictions (COHRE) vs. Sudão* de 2009, a Comissão Africana entendeu que o Estado sudanês falhou em sua obrigação de impedir o envenenamento das fontes de água e de fornecer água à população da região de Darfur.[97]

Em outras situações, como no caso *The Social and Economic Rights Action Centre and the Centre for Economic and Social Rights vs. Nigéria* de 2001,[98] a Comissão Africana entendeu que a contaminação das fontes de água pelo Estado, ou por terceiros sem a devida intervenção do Estado, configurou violação

---

www.achpr.org/fr/communications/decision/25.89-47.90-56.91-100.93/>. Acesso em: 20/12/2013.

[96] Id. Case *Free Legal Assistance Group and others vs. Zaire*, comunicaciones nn. 25/89, 47/90, 56/91 y 100/93. Disponível em: <http://www.achpr.org/english/Decison_Communication/DRC/Comm.%2025-89,47-90,56-91,100-93.pdf>. Acesso em: 5/12/2013.

[97] Id. Case *Sudan Human Rights Organisation & Centre on Housing Rights and Evictions (COHRE) vs. Sudan*, (279/03-296/05, 27 Mai 2009), §207-212. Disponível em: <http://www.achpr.org/fr/communications/decision/279.03-296.05/>. Acesso em: 24/12/2013.

[98] Id. Case *The Social and Economic Rights Action Center and the Center for Economic and Social Rights vs. Nigeria*, African Commission on Human and Peoples' Rights, Comm. n. 155/96 (2001).

não somente do direito à saúde (art. 16), mas também do direito a um meio ambiente satisfatório (art. 24).

Interessante notar que, de maneira oposta ao que ocorre nas Convenções Europeia e Interamericana, tanto o direito à saúde quanto o direito ao meio ambiente satisfatório foram previstos expressamente pela Carta Africana e podem servir de fundamento legal para demandas perante a Comissão Africana.

Em suma, a análise da jurisprudência dos principais sistemas de proteção de direitos humanos vem corroborar a ideia de que existe um direito à água implícito nos documentos internacionais, o qual pode dar ensejo a demandas judiciais de forma indireta por meio da proteção a outros direitos humanos, como o direito à vida, à moradia, à saúde, ao meio ambiente sadio, bem como à proibição aos tratamentos desumanos.

Nesse contexto, o direito à água se afirma como um meio necessário para a realização de outros direitos humanos, construção jurídica que se mostra interessante para que as demandas das atuais vítimas da falta de acesso à água e ao saneamento possam ser analisadas. Contudo, critica-se o fato de que, por falta de uma consagração expressa do direito à água, sua proteção se dê apenas por *ricochet* e de maneira incompleta, sem que os principais aspectos e obrigações do direito à água sejam contemplados de maneira uniforme.[99]

Para que as demandas dos indivíduos que se qualificam como vítimas de violação do direito à água e ao saneamento

---

[99] "Par exemple, dans le cas du système européen de protection des droits de l'homme, si une plainte est introduite sur la base du droit à l'environnement, lui-même ne bénéficiant que d'une protection indirecte par l'article 8 sur la vie privée, son examen ne portera que sur le respect de la qualité environnementale de l'eau, sans considérer adéquatement les besoins humains en eau en tant que tels. Dans ce cadre, ce sont les questions sanitaires et environnementales du droit à l'eau qui peuvent être passives de judiciarisation, ce qui laisse les questions des besoins humains en eau à l'écart de la protection juridique." CUQ, Marie, op. cit., pp. 59-60.

possam ser analisadas segundo padrões concretos e seguros de direitos e obrigações, é importante que esse direito seja consagrado expressamente, assim como veremos no capítulo dedicado às características e implicações do direito à água.[100] Caso contrário, indivíduos que são igualmente vítimas da violação ao direito à água continuarão a receber tratamento diverso dependendo do sistema de proteção de direitos humanos ao qual estejam submetidos e da discricionariedade de cada juízo, sem segurança jurídica alguma de que suas demandas serão de fato analisadas, o que não nos parece condizente com os ideais de proteção dos direitos humanos.

b) O direito à água explícito

Não se nega a relevância da interpretação evolutiva, tanto por parte das cortes regionais como dos órgãos quase judiciais da ONU, no sentido de extrair implicitamente um direito à água de outros direitos humanos. O ativismo judicial desses órgãos demonstra que as demandas relativas ao acesso e à proteção da água são legítimas e já ganham relevância internacional. Contudo, a ausência de afirmação expressa do direito à água nos principais documentos jurídicos de cunho universal (*ratione loci*) e geral (*ratione personae*) aparece, sob os olhos daqueles que defendem a necessidade de se efetivar o acesso à água, como uma lacuna na normativa internacional.

Influenciada pelo movimento internacional pelo acesso à água e aos serviços de saneamento liderado por organizações não governamentais e especialistas da área, a comunidade internacional passou a declarar explicitamente o direito à água e ao saneamento por meio de documentos jurídicos tanto da normativa universal como da regional. São esses os documentos jurídicos que analisaremos em seguida.

---

[100] Cf. Capítulo 2, infra, pp. 117-160.

- No âmbito universal

Já em 1979, a Convenção sobre a Eliminação de Todas as Formas de Discriminação contra a Mulher (CEDAW) previa expressamente o direito de acesso ao fornecimento de água e de saneamento (art. 14, §2) para mulheres que habitam o meio rural como uma das modalidades do direito às condições de vida adequada.[101] Em decorrência disso, o Comitê CEDAW, responsável pela interpretação e aplicação dessa convenção, adotou, no seio de seu sistema de monitoramento, recomendações nas quais aconselha todos os Estados Partes a colocarem em prática medidas apropriadas para que as mulheres se beneficiem de condições de vida adequadas, tais como o acesso ao saneamento e à distribuição de água.[102]

Além de analisar relatórios e elaborar recomendações, o Comitê CEDAW também é competente para analisar em caráter quase judicial demandas de indivíduos que denunciem violações por parte dos Estados que ratificaram o Protocolo Facultativo à CEDAW de 1999. Até o presente momento, nenhuma de suas dez decisões foi fundamentada no direito de acesso à água e ao saneamento. Entretanto, a possibilidade de que isso venha a ocorrer existe e merece ser seguida de perto

---

[101] Art. 14 (2) "Os Estados Partes adotarão todas as medidas apropriadas para eliminar a discriminação contra a mulher nas zonas rurais, a fim de assegurar, em condições de igualdade entre homens e mulheres, que elas participem no desenvolvimento rural e dele se beneficiem, e em particular assegurar-lhes-ão o direito a: (...) *h) gozar de condições de vida adequadas, particularmente nas esferas da habitação, dos serviços sanitários, da eletricidade e do abastecimento de água, do transporte e das comunicações*" (grifo nosso). Convenção sobre a Eliminação de Todas as Formas de Discriminação contra a Mulher de 1979. Disponível em: <http://portal.mj. gov.br/sedh/ct/legis_intern/conv_int_eliminacao_disc_racial.htm>. Acesso em: 5/1/2014.

[102] Recommandation générale n. 24 (vingtième session, 1999) du Comité pour l'élimination de la discrimination à l'égard des femmes sur les femmes et la santé. Disponível em: <http://www.un.org/womenwatch/daw/cedaw/recommendations/recomm-fr.htm#recom24>. Acesso em: 1/12/2013.

por aqueles que se dedicam a pesquisar a efetivação do direito à água e ao saneamento.

Outro documento jurídico de cunho universal importante para nosso estudo é a Convenção sobre os Direitos das Crianças de 1989 (CDC), que prevê expressamente o direito de acesso à água para prevenção de doenças e da má nutrição infantis (art. 24, §2, c),[103] em decorrência do direito à saúde. Em resposta aos relatórios enviados pelos Estados, o Comitê CDC, órgão encarregado de analisar a implementação dos direitos das crianças, elaborou diversas observações finais chamando atenção para a ausência de acesso à água potável e aos serviços sanitários, bem como recomendando aos Estados que adotem medidas a fim de erradicar esses problemas. Em algumas situações, o Comitê CDC reforçou a necessidade de assegurar o acesso à água e ao saneamento às crianças contaminadas pelo vírus HIV;[104] em outras, o foco de interesse foram os grupos marginalizados de crianças, como as

---

[103] O art. 24 (2) estipula que os Estados Partes tomarão medidas apropriadas com vistas a: "c) combater as doenças e a desnutrição dentro do contexto dos cuidados básicos de saúde mediante, *inter alia*, a aplicação de tecnologia disponível e o fornecimento de alimentos nutritivos e *de água potável*, tendo em vista os perigos e riscos da poluição ambiental" (grifo nosso). Disponível em: <http://www2.mre.gov.br/dai/crianca.htm>. Acesso em: 5/12/2013.

[104] Concluding Observations of the Committee on the Rights of the Child: Kenya. 19/6/2007. CRC/C/KEN/CO/2.1

meninas,[105] os jovens infratores,[106] os refugiados,[107] os ciganos[108] e os moradores de favelas.[109]

Em 2003, o Comitê CDC elaborou o Comentário Geral n. 4, chamado "Saúde e Desenvolvimento do Adolescente", incentivando os Estados a assegurarem que os estabelecimentos escolares públicos ofereçam condições favoráveis à saúde das crianças, especialmente no que se refere ao acesso à água e ao saneamento.[110]

Em 2011, foi elaborado o III Protocolo Facultativo à CDC, que permitiu que o Comitê CDC passasse a examinar queixas individuais sobre violações aos direitos das crianças, o que apenas ocorreu em julho de 2015. Espera-se que a jurisprudência desse órgão com fundamento no direito de acesso à água possa contribuir para o reforço desse direito no âmbito universal.

A mais recente convenção de aplicabilidade universal a consagrar expressamente o direito à água foi a Convenção sobre os Direitos das Pessoas com Deficiência de 2006. Segundo esse documento, o acesso à água e ao saneamento é essencial para que as pessoas com deficiência possam alcançar o nível

---

[105] Concluding Observations of the Committee on the Rights of the Child: Maldives. 8/6/2007. CRC/C/MDV/CO/3.

[106] Concluding Observations of the Committee on the Rights of the Child: Peru. 14/3/2006. CRC/C/PER/CO/3.

[107] Concluding Observations of the Committee on the Rights of the Child: Azerbaijan. 17/3/2006. CRC/C/AZE/CO/2.

[108] Concluding Observations of the Committee on the Rights of the Child: Slovakia. 10/7/2007. CRC/C/SVK/CO/2.

[109] Concluding Observations of the Committee on the Rights of the Child: Sri Lanka. 19/10/2010. CRC/C/LKA/CO/3-4

[110] Art. 17, Observation générale n. 4, La santé et le développement de l'adolescent dans le contexte de la Convention relative aux droits de l'enfant, Comité relative aux droits de l'enfant, U.N. Doc. CRC/GC/2003/4 (2003). Disponível em: <www2.ohchr.org/english/bodies/crc/docs/GC4_fr.doc>. Acesso em: 1/12/2013.

de vida e a proteção social adequados (art. 28).[111] Em razão de sua criação recente, o Comitê CED, responsável pelo exame das demandas individuais e pela análise dos relatórios encaminhados pelos Estados, ainda não analisou questões relativas a esse dispositivo. Mais uma vez, os estudiosos do direito à água aguardam esse acontecimento para que se possa complementar a análise das decisões dos órgãos responsáveis pela interpretação e pela implementação das convenções no âmbito da ONU.

De qualquer forma, o documento jurídico que merece maior destaque para nosso estudo, notadamente por afirmar explícita e detalhadamente o direito à água, é o Comentário Geral n. 15 de 2002,[112] denominado "Direito à água", por meio do qual o Comitê Econômico – órgão responsável pela interpretação oficial e pela averiguação da aplicação do já mencionado Pacto Econômico –[113] defendeu a existência de um direito humano à água como decorrência implícita do "direito a um nível adequado de vida" (art. 11, §1) e do direito à saúde (art. 12), previstos no Pacto Econômico. Além de afirmar expressamente a existência do direito à água como um direito humano, o Comitê Econômico estabeleceu critérios específicos quanto à efetivação desse direito, dispondo que "o

---

[111] Art. 28. Nível de vida e proteção social adequados; "2 – Os Estados Partes reconhecem o direito das pessoas com deficiência à proteção social e ao gozo desse direito sem discriminação com base na deficiência e tomarão as medidas apropriadas para salvaguardar e promover o exercício deste direito, incluindo através de medidas destinadas a: a) assegurar às pessoas com deficiência o acesso, em condições de igualdade, aos serviços de água potável e aos serviços, dispositivos e outra assistência adequados e a preços acessíveis para atender às necessidades relacionadas com a deficiência". Convenção sobre os Direitos das Pessoas com Deficiência de 2006.

[112] Comentário Geral n. 15 do Comitê dos Direitos Econômicos, Sociais e Culturais das Nações Unidas, "O Direito à água (arts. 11 e 12 do Pacto Internacional sobre Direitos Econômicos, Sociais e Culturais)" (E/C.12/2002/11, 20 jan. 2003).

[113] Cf. "No âmbito universal", supra, pp. 75-80.

direito humano à água prevê que todos tenham água suficiente, segura, aceitável, fisicamente acessível e a preços razoáveis para usos pessoais e domésticos".[114]

Inicialmente, cabe lembrar que o Comitê Econômico se utilizou da interpretação evolutiva para afirmar o direito à água com base no Pacto Econômico.[115] Conforme anteriormente afirmado,[116] esse método de interpretação vem sendo utilizado em diversos regimes de proteção aos direitos humanos pelo mundo, como é o caso emblemático da Corte Europeia de Direitos Humanos. Nessa linha, apesar de não ter sido previsto inicialmente nos documentos-base do Sistema Europeu (Convenção Europeia, seus diversos protocolos e Carta Social Europeia de 1961), o direito ao meio ambiente sadio não deixou de ser apreciado, o que ocorre por meio de outros direitos expressamente previstos, como o direito à vida, o direito à privacidade e à vida familiar e o direito à informação. Assim, a técnica da interpretação evolutiva permite que os dispositivos relativos aos direitos humanos criados no pós-Segunda Guerra sejam aplicados à luz das mudanças e necessidades da sociedade atual, o que promove o objetivo principal da Convenção Europeia, qual seja, a proteção do indivíduo contra abusos e negligências dos Estados.

Além da interpretação evolutiva, a própria linguagem aberta do art. 11 do Pacto Econômico, ao utilizar o termo

---

[114] Parágrafo 2º do Comentário Geral n. 15 do Comitê dos Direitos Econômicos, Sociais e Culturais das Nações Unidas, "O Direito à água (arts. 11 e 12 do Pacto Internacional sobre Direitos Econômicos, Sociais e Culturais)" (E/C.12/2002/11, 20 jan. 2003).

[115] BULTO, Takele Soboka. The Emergence of the Human Right to Water in International Human Rights Law: invention or discovery? Centre for International Governance and Justice Working Paper n. 7, April 2011, p. 11.

[116] Cf. "No âmbito regional", supra, pp. 81-91.

"incluindo" em seu texto,[117] possibilita que outras modalidades integrantes do direito a um nível adequado de vida sejam elaboradas, a exemplo do direito à alimentação, vestimenta e moradia adequadas, que fazem parte da lista exemplificativa desse dispositivo.

O Comentário Geral n. 15 é, portanto, de grande importância para o tema, uma vez que, além de afirmar a existência de um direito à água, delimita seus contornos, fundamento e conteúdo, características que serão exploradas detalhadamente no subcapítulo que trata das características do direito à água.[118]

Com vistas a reforçar a aplicação do direito à água, o Comentário Geral n. 15 também previu a inclusão desse direito, bem como das obrigações dele decorrentes, no Sistema de Monitoramento do Pacto Econômico realizado pelo Comitê Econômico. Esse sistema funciona por meio do envio de relatórios periódicos por parte dos Estados, nos quais eles devem reportar os avanços e as dificuldades na implementação dos direitos humanos firmados no Pacto Econômico. Após analisar os relatórios, o Comitê Econômico emite observações finais (*concluding observations*), felicitando o Estado pelas evoluções ou recomendando a adoção de medidas para a efetivação dos direitos humanos. Nesse contexto, diversas observações finais do Comitê Econômico já reforçaram a necessidade de se implementar o direito à água e ao saneamento nos moldes do Comentário Geral n. 15.

---

[117] Art. 11.1. "Os Estados Partes no presente pacto reconhecem o direito de todas as pessoas a um nível de vida suficiente para si e para as suas famílias, *incluindo* alimentação, vestuário e alojamento suficientes, bem como a um melhoramento constante das suas condições de existência" (grifo nosso). Pacto Internacional sobre os Direitos Econômicos, Sociais e Culturais de 1966.

[118] Cf. "Características do direito à água", infra, pp. 129-150.

Na primeira oportunidade, em 2003, o Comitê Econômico chamou atenção de Israel para a necessidade de permitir o acesso "aos serviços essenciais, como a água" às comunidades beduínas, em especial, afirmando também "o direito de todos de participar do processo de decisão e da gestão da água".[119]

Desde então, numerosas foram as observações finais que refletiram essa preocupação, sempre com base nos arts. 11 e 12 do Pacto Econômico.

Em 2015, países como Guiana, Itália, Sudão, Grécia e Paraguai, cada um com suas peculiaridades no que concerne aos grupos desfavorecidos (populações rurais, indígenas, ciganos etc.), foram orientados a procurar soluções para os problemas de acesso à água e ao saneamento.

Interessante notar que, até o presente momento, nenhum Estado questionou essa estratégia do Comitê Econômico de fundamentar suas observações finais no direito à água, ainda que esse não esteja expressamente previsto no Pacto Econômico. Ao contrário, em relatórios subsequentes, os Estados responderam às observações feitas pelo Comitê Econômico com dados sobre a implementação do direito à água e de suas obrigações.

Além disso, é importante lembrar que, contrariamente às previsões pessimistas de que o Protocolo Facultativo ao Pacto Econômico de 2008 jamais embasaria um sistema de monitoramento em decorrência da suspeita dos Estados quanto à difícil efetivação dos direitos de segunda geração, esse documento entrou em vigor no dia 5 de maio de 2013, logo após a oitava ratificação – por parte do Uruguai –, autorizando o

---

[119] Concluding Observations of the Committee on Economic, Social and Cultural Rights: Israel. 23/5/2003. E/C.12/1/Add.90.

Comitê Econômico a analisar demandas individuais, o que já está ocorrendo.

Ainda não houve demandas individuais fundadas no direito à água e ao saneamento, mas a mera possibilidade de isso vir a acontecer já alimenta discussões entre especialistas do tema.

Na sequência do Comentário Geral n. 15, o direito à água ainda foi afirmado explicitamente por diversas resoluções do Conselho de Direitos Humanos da ONU. Essas resoluções colaboraram para a evolução desse direito, especialmente aquelas que criaram e reforçaram a importância do Relator Especial sobre o Direito à Água e ao Saneamento,[120] cargo que foi inicialmente ocupado pela jurista portuguesa Catarina de Albuquerque e que, desde 2014, passou para as mãos do professor sanitarista brasileiro Léo Heller. Ambos são conhecidos por sua luta incansável em favor do acesso à água e ao saneamento adequados. Dentre as funções de seu mandato, destacam-se as visitas periódicas que faz aos Estados para analisar as condições de implementação do direito à água e ao saneamento, assim como a busca por soluções locais para os problemas ligados ao acesso à água que possam ser utilizadas em outras regiões do mundo.

Além disso, em 2010, naquilo que foi considerada a maior vitória para o movimento pelo acesso à água, a Assembleia Geral da ONU elaborou a Resolução 64/292, denominada "O direito humano à água e ao saneamento". Adotada por 122

---

[120] Resolução 7/22, de 28 de março de 2008; Resolução 12/8, de 25 de setembro de 2009; Resolução 15/9, de 30 de setembro de 2010; Resolução 15/14, de 24 de setembro 2010; e Resolução 18/1, de 12 de outubro de 2011 do Conselho de Direitos Humanos; Relatório sobre a realização do direito à água potável e ao saneamento de 2005 do Relator Especial da Subcomissão para a Promoção e Proteção dos Direitos Humanos (E/CN.4/Sub.2/2005/25, 11 jul. 2005).

votos a favor, 41 abstenções e nenhum voto contrário, afirmou a existência de um "direito à água potável e segura e ao saneamento como direito humano essencial para o gozo pleno da vida e de todos os direitos humanos".[121] Sem dúvida, essa importante resolução representou um passo significativo da comunidade internacional no sentido de consagrar a existência do direito de acesso à água e ao saneamento adequados na ordem internacional. Na ocasião, o secretário-geral da ONU, Ban Ki-Moon, ao declarar que "a água deixa de ser apenas uma necessidade básica, passando a ser um direito humano", reforçou o papel dos Estados na garantia desse direito, o qual "passa a adquirir o mesmo *status* de outros direitos humanos, dentre eles o direito à dignidade da pessoa humana, o direito à liberdade, o direito à vida e, principalmente, o direito à saúde e ao bem-estar".[122]

Vale notar que essa iniciativa da Assembleia Geral da ONU foi precedida por declarações menos específicas que já davam mostras de que o entendimento dos Estados Membros seguia na direção de uma resolução específica sobre o direito à água. Nesse sentido, já no ano 2000 a Assembleia Geral da ONU proclamou a Resolução sobre o Direito ao Desenvolvimento, afirmando que:

> (...) para a realização completa do direito ao desenvolvimento, os direitos à alimentação e à *água doce* são direitos fundamentais e

---

[121] Parágrafo 1º da Resolução da Assembleia Geral sobre o Direito à Água e ao Saneamento (A/RES/64/292, 3 de agosto de 2010). Disponível em: <http://www.un.org/News/Press/docs/2010/ga10967.doc.htm>. Acesso em: 17/12/2013.

[122] Disponível em: <http://www.un.org/apps/sg/sgstats.asp?nid=4790>. Acesso em: 17/10/2010.

sua promoção constitui um imperativo moral para ambos governos e comunidade internacional[123] (grifo nosso).

No mesmo ano 2000, destaca-se a prioridade com a qual a questão do acesso à água foi tratada pela Declaração do Milênio, documento jurídico que engloba preocupações e interesses de diversas naturezas – humanas, ecológicas, de segurança –, cuja Meta n. 19 fixou o objetivo de "reduzir pela metade, até 2015, a proporção de pessoas sem acesso sustentável à água segura e ao saneamento básico", salientando também a preocupação com o uso sustentável da água.[124]

Na esteira da histórica resolução da Assembleia Geral da ONU sobre o direito à água, em abril de 2011 o Conselho dos Direitos Humanos, por meio da Resolução 16/2,[125] também denominada "O direito humano à água e ao saneamento", definiu o acesso à água potável segura e ao saneamento como um direito humano derivado do direito ao nível adequado de vida e intrinsecamente ligado ao direito à saúde, assim como ao direito à vida e ao direito à dignidade humana.

Em setembro de 2013, a Resolução 24/31 do Conselho de Direitos Humanos reiterou a existência do direito à água e ao saneamento, reforçando que os Estados têm a obrigação de disponibilizar progressivamente os serviços de água

---

[123] Parágrafo 12 (a) da Resolução da Assembleia Geral da ONU sobre o Direito ao Desenvolvimento (A/RES/54/175, 15 fev. 2000). Disponível em: <http://www.unhchr.ch/Huridocda/Huridoca.nsf/TestFrame/91d74f473455a7d880 2568a80059bae1?Opendocument>. Acesso em: 21/12/2013.

[124] Meta n. 19 da Declaração do Milênio da ONU (A/RES/55/2, 18 set. 2000). Disponível em: <http://www.un.org/millennium/declaration/ares552e.pdf>. Acesso em: 21/12/2013.

[125] Resolution adopted by the Human Rights Council 16/2, The human right to safe drinking water and sanitation (A/HRC/RES/16/2, 8 abr. 2011). Disponível em: <http://www.ohchr.org/EN/Issues/WaterAndSanitation/SRWater/Pages/Reso lutions.aspx>. Acesso em: 17/10/2013.

e saneamento adequados e que esse processo deve levar em conta igualmente a capacidade das gerações futuras de efetivar o direito à água.[126]

O último documento do catálogo onusiano a reforçar as características e obrigações do direito à água foi a Resolução 27/7 de setembro de 2014. Essa resolução aconselha os Estados a aprimorar as análises de dados relacionados ao acesso à água e ao saneamento e chama atenção para a responsabilidade de atores não estatais, em especial as empresas, de não comprometer o acesso dos indivíduos à água.[127]

- No âmbito regional

Além desses documentos com vocação universal, alguns documentos jurídicos de cunho regional já consagraram explicitamente o direito à água como um direito humano.

A Carta Africana sobre os Direitos e Bem-Estar da Criança de 1990 (ACERWC), sob os auspícios da União Africana (UA), por exemplo, traz como modalidade do direito à saúde a obrigação dos Estados de "assegurar às crianças o direito à nutrição e à água potável segura" (art. 14, c), além de "prover informações à população sobre a importância da higiene e do saneamento" (art. 14, h).

O Comitê ACERWC, órgão competente para analisar demandas individuais, já fundamentou decisões com base no direito à água potável segura (art. 14, c).

---

[126] Parágrafo 12, Resolução do Conselho de Direitos Humanos sobre o Direito à Água e ao Saneamento (A/HRC/24/L.31, 23 set. 2013).

[127] Parágrafo 11 (b) e 12, Resolução do Conselho de Direitos Humanos sobre o Direito à Água e ao Saneamento (A/HRC/27/7, 2 out. 2014).

Nesse sentido, no caso *Human Rights and Development in Africa and the Open Society Initiative vs. Quênia* de 2009,[128] restou comprovada a falha do Estado queniano em prover serviços básicos relacionados à saúde, entre eles o acesso à água potável às crianças da etnia Núbia, comunidade de mais de 100 mil membros à qual os mais básicos direitos humanos têm sido sistematicamente negados.

Outro caso em que o Comitê ACERWC trabalhou o direito à água foi o caso *The Centre For Human Rights (University Of Pretoria) and La Rencontre Africaine pour La Defense des Droits de l'Homme vs. Senegal*. Ficou constatado que mais de 100 mil crianças que viviam em regime de internato nas escolas corânicas (internatos religiosos) tiveram acesso à água e ao saneamento comprometidos. Interessante, nesse caso, foi a decisão do comitê de que o Estado tem obrigação de zelar pelo direito mesmo que o perpetrador da violação seja uma entidade privada.[129]

Além disso, o Comitê ACERWC já elaborou diversas observações finais com base nos referidos dispositivos, recomendando melhorias no acesso aos pontos de distribuição de água e aos serviços adequados de saneamento em escolas,[130]

---

[128] Case *Institute For Human Rights And Development In Africa (Ihrda) And Open Society Justice Initiative On Behalf Of Children Of Nubian Descentin Kenya vs. Kenya*, African Committee Of Experts On The Rights And Welfare Of The Child (Decision: N. 002/Com/002/2009, 22 March 2011).

[129] *The Centre For Human Rights (University Of Pretoria) and La Rencontre Africaine pour La Defense des Droits de l'Homme vs. Senegal*, African Committee Of Experts On The Rights And Welfare Of The Child (Decision: 003/Com/001/2012, 11 April 2014).

[130] ACERWC. Recommandations et Observations Adressées Au Gouvernement Du Burkina Fasso, le 4 Mars 2011, Recommandations et Observations Adressées Au Gouvernement Du Senegal, le 30 Avril 2012. Disponível em: <http://acerwc. org/>. Acesso em: 24/12/2013.

e determinando que se dedique especial atenção às crianças portadoras do vírus HIV[131] e às gestantes.[132]

Outro documento a ser mencionado é o Protocolo Adicional à Carta sobre os Direitos das Mulheres de 2003, que consagra expressamente o direito de acesso à água potável (art. 15, a) como condição à realização do direito à segurança alimentar. Até o momento nenhum sistema de monitoramento foi colocado em prática para conferir a efetivação dos direitos previstos pelo protocolo.

Apesar disso, em 1998, foi criado o cargo de Relator Especial para os Direitos da Mulher, sob os auspícios da Comissão Africana de Proteção aos Direitos Humanos, com a função de realizar visitas aos Estados Membros do referido protocolo para analisar de perto as condições de implementação dos direitos da mulher. Dessas missões originaram-se relatórios que discriminam situações precárias quanto ao acesso à água, principalmente por parte de mulheres refugiadas e privadas de liberdade, o que deu ensejo a recomendações do relator direcionadas aos Estados para que adotem medidas urgentes para solucionar esses problemas.[133]

A afirmação expressa do direito à água é muito mais discreta em outras regiões do mundo, a exemplo do que ocorre no Sistema Interamericano de Direitos Humanos, o qual não

---

[131] Recommandations du Comite Africain d'Experts sur les Droits et le Bien-Être de l'Enfant au Gouvernement du Niger, le 30 Avril 2012. Disponível em: <http://acerwc.org/>. Acesso em: 24/10/2013.

[132] Ibid. Disponível em: <http://acerwc.org/>. Acesso em: 24/10/2013.

[133] Report of the mission to the republic of Angola by Commissioner Angela Melo, Special Rapporteur on the Rights of Woman in Africa de 2002, African Commission on Human and People's Rights (ACHPR/37/OS/11/440/Draft, from 27th September to 2nd October 2002). Disponível em: <http://www.achpr.org/files/sessions/38th/mission-reports/angola/achpr38_misrep_specmec_women_angola_2005_eng.pdf>. Acesso em: 22/12/2013.

conta com nenhum documento jurídico vinculante que consagre explicitamente o direito à água e ao saneamento, impedindo qualquer análise de demandas individuais ou de relatórios periódicos que versem sobre o direito à água de forma direta.

Apesar disso, a Comissão Interamericana adotou, em 2008, a Resolução 1/08 denominada "Princípios e Boas Práticas sobre a Proteção das Pessoas Privadas de Liberdade nas Américas".[134] Por meio desse documento, a Comissão Interamericana aponta para a necessidade de acesso à água e às instalações sanitárias adequadas pelas pessoas privadas de liberdade, as quais se encontram impedidas de procurar, por vias próprias, a efetivação de seu direito à água.

Na tentativa de ampliar o grupo de pessoas a serem beneficiadas pelo direito à água, a Bolívia, país precursor do movimento pelo direito à água no mundo,[135] apresentou, em 2012, duas propostas de resolução sobre o direito humano à água à OEA. Apesar de ainda não terem deixado seu estágio inicial de proposta, afirmam ser o direito à água potável e ao saneamento uma modalidade para realização do direito à vida e de todos os outros direitos humanos, pugnando pelo monitoramento da situação e da evolução desse direito no seio dos Estados Membros. Esses projetos de resoluções receberam diversas emendas provenientes de outros Estados e permanecem na pauta das discussões da OEA.[136]

---

[134] Principles XI (2) e XII (2), The 2008 Inter-American Commission on Human Rights Principles and Best Practices on the Protection of Persons Deprived of Liberty in the Americas. Disponível em: <http://www.cidh.org/basicos/english/Basic21.a.Principles%20and%20Best%20Practices%20PDL.htm>. Acesso em: 12/01/2013.

[135] Cf. "A evolução do direito à água", supra, pp. 66-69.

[136] Draft Resolution on Water as a Human Right, OEA/Ser.W/II.17, May 18, 2012, CIDI/doc.6/121/, Presented by the Delegation of Bolivia and cosponsored by the

No seio da União Europeia, organização internacional que se vem demonstrando ativa também na área dos direitos humanos,[137] algumas declarações foram enfáticas ao defender explicitamente o direito humano à água. Foi o caso da Declaração de 2000 do Conselho da União Europeia, pela qual se afirma ser o acesso à água potável e ao saneamento "não somente ligado aos direitos humanos, mas também parte integrante do direito à um nível de vida adequado e estritamente ligado ao direito à dignidade humana".[138] O Parlamento Europeu, órgão deliberativo da União Europeia, também já declarou, em resoluções que datam de 2003 e 2009, que o acesso à água em quantidade e qualidade adequadas é um direito humano, e que os Estados Partes devem trabalhar para implementar as obrigações dele decorrentes, o que reforçou o entendimento comunitário europeu sobre o assunto.[139]

De fato, essas iniciativas demonstram uma mudança de paradigmas por parte dos Estados europeus no sentido de

---

Delegation of Ecuador (The Committee, during its regular session of April 24, 2012, agreed to refer this draft resolution to the CEPCIDI - CP/CG.1915/12 rev. 1).

[137] Em 2000, foi proclamada, com *status* normativo de resolução, a Carta dos Direitos Fundamentais da União Europeia (Carta de Nice), a qual, em 2009, com a entrada em vigor do Tratado de Lisboa, ganhou *status* de tratado. Assim, o Tribunal de Justiça da União Europeia tornou-se competente para julgar casos relativos à violação de direitos humanos por parte dos Estados e da União Europeia no âmbito das atividades relacionadas à comunidade. O mesmo Tratado de Lisboa previu a adesão da União Europeia à Convenção Europeia de Direitos Humanos, o que, apesar de não se ter realizado até o presente momento por motivos de ordem formal, demonstra claramente a intenção da organização de aprimorar a proteção aos direitos humanos.

[138] Déclaration de la Haute Représentante, Mme Catherine Ashton, au nom de l'UE, commémorant la Journée Mondiale de l'Eau, le 22 mars de 2010, Conseil de l'Union Européenne (doc. n. 7810/10, Presse 72).

[139] Resolution on water management in developing countries and priorities for EU development cooperation, (COM [2002] 132 – C5-0335/2002 – 2002/2179[COS]), 4 September 2003. European Parliament resolution of 12 March 2009 on water in the light of the 5th World Water Forum to be held in Istanbul on 16-22 March 2009 (P6_TA[2009]0137).

defender a consagração do direito à água e ao saneamento, o que até então parecia ser uma exigência específica dos países em desenvolvimento, especialmente dos países africanos e sul-americanos.

Ainda no que diz respeito à Europa, há de se louvar a elaboração da Resolução 1809 de 2011[140] pela Assembleia Parlamentar do Conselho da Europa. Tal documento recomenda expressamente aos Estados Partes que reconheçam o acesso à água como um direito humano, nos termos da Resolução 64/292 da Assembleia Geral da ONU e da Resolução 15/9 do Conselho de Direitos Humanos da ONU, anteriormente citadas.[141] Nesse mesmo documento, a Assembleia Parlamentar incita os Estados a adotarem políticas tarifárias justas, além de transparência na gestão da água.

De maneira similar, o Comitê de Ministros do Conselho da Europa afirmou, por meio de sua Recomendação 14 (2001), que, em situações de concorrência pelo uso da água, deve-se dar prioridade ao consumo humano. Esse documento ainda confirma a ideia de que, sem uma quantidade mínima de água para satisfazer as necessidades humanas em termos de alimentação e higiene, o direito a um nível adequado de vida não pode ser efetivado.[142]

No âmbito da Liga Árabe, organização internacional que reúne países árabes do Oriente Médio e da África, a Carta Árabe sobre os Direitos Humanos de 2004 (Carta Árabe), que entrou em vigor em 2008 e conta hoje com a ratificação de 17

---

[140] Assemblée Parlementaire du Conseil de l'Europe, Résolution 1809, "L'eau : une source de conflits", art. 14, §1.

[141] Cf. "No âmbito universal", supra, pp. 92-102.

[142] Parágrafo 5º, Rec. (2001)14 of the Committee of Ministers to Member States on the European Charter on Water Resources. Disponível em: <https://wcd.coe.int/ViewDoc.jsp?id=231615&Site=COE>. Acesso em: 20/12/2013.

dos 22 membros da organização, também previu expressamente o direito à água potável e ao saneamento adequados (art. 39, b, 5 e 6) como forma de realizar o direito à saúde. Em 2009, foi criado o Comitê Árabe de Direitos Humanos, com a finalidade específica de receber relatórios dos Estados partes da Carta Árabe. Contudo, contrariamente ao que ocorre nos outros sistemas regionais, o Comitê Árabe é desprovido da competência para analisar demandas individuais. Além disso, até o presente momento, poucos países enviaram seus relatórios e o Comitê Árabe ainda não publicou nenhuma recomendação ou observação final em resposta a eles.[143]

Finalmente, no que diz respeito à Ásia, a Associação de Nações do Sudeste Asiático (ASEAN) – que reúne países como a Indonésia, Malásia, Filipinas, Singapura, Tailândia, Brunei, Vietnã, Laos, Mianmar e Camboja –, elaborou, sob os moldes da Declaração Universal, a Declaração da ASEAN de Direitos Humanos de 2012, a qual prevê expressamente "o direito de toda pessoa a um nível adequado de vida, incluindo o direito à água potável e ao saneamento adequado".[144] A Comissão Intergovernamental ASEAN de Proteção aos Direitos Humanos, que iniciou seus trabalhos em 2009, teve como principal conquista a elaboração da referida declaração e trabalha atualmente nas discussões preparatórias para elaboração de convenções sobre os direitos das mulheres e crianças.

Contudo, em decorrência da ausência de um documento jurídico de aplicação imediata e obrigatória, a Comissão ASEAN

---

[143] MATTAR, Mohamed Y. Article 43 of the Arab Charter on Human Rights: Reconciling National, Regional, and International Standards, 26. *Harvard Human Rights Journal* 91, 2013, pp. 94 e 143.

[144] Art. 28, e, da Declaração ASEAN sobre os Direitos Humanos, 2012, Phnom Penh, Camboja. Disponível em: <http://www.asean.org/news/asean-statement-communiques/item/asean-human-rights-declaration>. Acesso em: 10/1/2014.

não tem competência para receber demandas individuais ou relatórios periódicos aos quais possa responder com decisões juridicamente vinculantes ou recomendações. Espera-se, mesmo assim, que tanto a ASEAN quanto a sua comissão possam se desenvolver de forma concreta, elaborando documentos jurídicos de aplicação obrigatória para seus membros, bem como reforçando o monitoramento dos direitos humanos na região, a exemplo de outras organizações regionais.

Outros documentos regionais que tratam simultaneamente de diversas matérias relacionadas à cooperação internacional também pugnaram por um direito humano à água e ao saneamento.[145]

Nesse sentido, chefes de Estado da União Africana e da América do Sul realizaram parcerias por meio de conferências como a Cúpula América do Sul-África (ASA), com o intuito de aprofundar seus laços e de desenvolver a cooperação sul-sul. Da conferência de 2006 originou-se a Declaração de Abuja, documento que reconhece a necessidade de se promover, por meio das jurisdições internas, o direito à água e ao saneamento para todos os cidadãos.[146]

Seguindo essa tendência de cooperação entre organizações regionais, a Assembleia Parlamentar Euro-Latino-americana (Eurolat), que reúne 75 representantes da União Europeia e 75 representantes latino-americanos para discutir questões de interesse mútuo, também já enfatizou a importância do acesso à água como um direito humano a ser protegido, propondo que se dê a devida atenção à qualidade da água fornecida, que

---

[145] BULTO, Takele Soboka, op. cit., p. 24.

[146] Declaração de Abuja. Documento Final da I Cúpula América do Sul-África (ASA). Abuja, Nigéria, 2006, Capítulo VI, art. 18.

se estabeleça um preço social e ambiental justo e que o acesso sem discriminação por parte da população seja garantido.[147]

Segue nessa mesma direção a declaração proveniente da I Cúpula Ásia-Pacífico sobre a Água de 2007, que ocorreu no Japão e reuniu representantes de mais de 50 Estados. Nesse sentido, a chamada de Mensagem de Beppu reconheceu o "direito das pessoas à água potável e ao saneamento básico como um direito humano básico e um aspecto fundamental para a segurança humana".[148]

Por fim, da III Conferência Sul Asiática sobre Saneamento de 2008 – que reuniu Afeganistão, Bangladesh, Butão, Índia, Maldivas, Nepal, Paquistão e Sri Lanka –, resultou a adoção da Declaração de Nova Délhi, na qual foi afirmado categoricamente que "o acesso ao saneamento e a água potável é um direito básico dos indivíduos".[149]

c) Análises iniciais sobre o direito à água

O crescente movimento no sentido de tornar expresso o direito à água e ao saneamento representa uma evolução importante da normativa internacional que certamente deve ser celebrada. Apesar disso, esse processo de afirmação expressa do direito à água apresenta falhas estruturais que devem ser apontadas.

Em primeiro lugar, esse processo, apesar de progressivo, ainda é tímido no que concerne à sua obrigatoriedade. Isso

---

[147] Arts. 2º, 3º e 4º da Resolução Eurolat "A água e questões conexas no âmbito das relações UE-ALC", 8 abr. 2009, Madrid (Espanha).

[148] Mensagem de Beppu de 2007, I Cúpula Ásia-Pacífico sobre a Água de 2007. Disponível em: <http://www.apwf.org/archive/documents/summit/Message_from_Beppu_071204.pdf>. Acesso em: 21/12/2014.

[149] Art. 1, The Third South Asian Conference on Sanitation (SACOSAN) "Sanitation For Dignity And Health", November 16-21 2008, Vigyan Bhawan, New Delhi, India.

porque a grande maioria dos documentos jurídicos que afirmam o direito à água e ao saneamento integra a chamada *soft law*, categoria normativa composta essencialmente por declarações políticas e de intenção, as quais são desprovidas inicialmente de caráter vinculante e, portanto, do poder de obrigar e sancionar os responsáveis pelas violações aos previstos.[150] De fato, as afirmações mais contundentes e detalhadas do direito à água constam principalmente de resoluções e recomendações originárias de órgãos de interpretação e monitoramento da ONU.

Dentre essas resoluções, destaca-se o Comentário Geral n. 15 do Comitê Econômico, que se tornou o documento-chave do estudo do direito à água e pode, em decorrência da recente entrada em vigor do Protocolo Facultativo ao Pacto Econômico, figurar como um instrumento interpretativo na análise de demandas individuais, assim como já ocorre no exame dos relatórios periódicos enviados pelos Estados.

Outro importante documento dessa natureza a ser lembrado é a Resolução da Assembleia Geral da ONU (Resolução 64/292 de 2010), que demonstra a vontade da maioria dos Estados de reconhecer o direito à água e ao saneamento no âmbito internacional e de enfrentar os obstáculos que impedem seu acesso por parte de uma parcela não negligenciável da humanidade. Essas e outras iniciativas dos órgãos da ONU

---

[150] Considera-se que existam duas categorias de *soft law*: a substantiva e a material. A primeira categoria é composta por normas, em sua maioria, decorrentes de tratados, que possuem disposições genéricas, linguagem ambígua ou incerta, conteúdo não exigível, ou ausência de responsabilização e de mecanismos de coercibilidade. A segunda categoria, na qual se enquadram as resoluções dos órgãos da ONU que invocam o direito à água, é composta por instrumentos jurídicos que, *a priori*, não são obrigatórios, mas que demostram, no mínimo, a existência de um direito em gestação. Cf. NASSER, Salem Hikmat. Desenvolvimento, costume internacional e *soft law*. In: AMARAL JÚNIOR, Alberto do (org.). *Direito Internacional e desenvolvimento*. Barueri: Manole, 2005. pp. 15-16.

apontam para a direção incontroversa da consagração futura do direito à água em documentos de aplicabilidade obrigatória e que possam ser objeto de monitoramento.

Obviamente, esses documentos da ONU, somados às recomendações e resoluções das organizações regionais, demonstram um consenso sobre a necessidade de lutar contra a crise hídrica e de melhorar o acesso à água e ao saneamento; no entanto, a ausência de compromissos de juridicidade inconteste pode atrapalhar a efetivação do direito à água.

Com efeito, poucos foram os documentos juridicamente vinculantes que inscreveram o direito à água e ao saneamento em seus textos.

No tocante às três convenções universais nas quais o direito à água aparece explicitamente, vale lembrar que ainda não houve decisões por parte dos comitês encarregados de examinar as demandas individuais nelas baseadas, tendo em vista que tal competência lhes foi apenas recentemente atribuída.

A análise das observações finais e das primeiras decisões dos órgãos responsáveis pelo exame de demandas individuais fundadas no direito à água será de enorme utilidade para que se possa traçar uma linha de comparação entre as jurisprudências desses diferentes órgãos, bem como realizar o estudo sobre a real evolução do acesso a esses serviços básicos por parte de quem deles carecem.

No âmbito regional, a Carta Africana sobre os Direitos e Bem-Estar da Criança de 1990 (ACERWC) é o documento mais promissor na defesa do direito à água e ao saneamento, especialmente por prever a utilização de instrumentos de monitoramento por parte do Comitê ACERWC. Com efeito, as decisões quase judiciais e as recomendações desse órgão já reforçam a necessidade de se assegurar o acesso à água e ao saneamento adequados, além de contribuírem para a evolução da consagração desse direito no âmbito internacional. De fato, a África parece ter largado na frente dos outros continentes no que diz respeito à afirmação e elaboração de mecanismos de proteção do direito à água.

Em segundo lugar, esse processo de afirmação expresso do direito à água e ao saneamento apresenta uma falha importante: as poucas convenções – universais ou regionais – que reconhecem o direito à água e ao saneamento de forma expressa são restritas quanto à sua aplicação *ratione personae*, ou seja, somente reconhecem a proteção do direito à água aos indivíduos que integram grupos especificamente protegidos, tais como as mulheres habitantes do meio rural, as crianças ou os deficientes.

Essa situação é reflexo de uma lógica inerente aos documentos do Direito Internacional dos Direitos Humanos: deve-se dedicar maior atenção aos grupos vulneráveis, para que a igualdade de direitos não intensifique ainda mais as desigualdades de fato, o que dificultaria o gozo dos direitos individuais por parte dos que mais necessitam de assistência.

Nesse caso, contudo, a afirmação do direito à água no âmbito das convenções que protegem parcelas mais vulneráveis da população parece ter como pressuposição fundamental a ideia de que o acesso à água já se encontra garantido para o resto da população, hipótese que não condiz com a realidade.[151] De fato, nem sempre as vítimas da falta de acesso à água e ao saneamento enquadram-se nesses grupos protegidos, e, por esse motivo, lamenta-se a ausência de um documento

---

[151] COULÉE, Frédérique. Rapport général du droit international de l'eau à la reconnaissance internationale d'un droit à l'eau: les enjeux. In: COULÉE, Frédérique, op. cit., pp. 9-40, especialmente, p. 37.

jurídico vinculante que contemple como beneficiários do direito à água e ao saneamento todas as potenciais vítimas da falta de acesso a esses serviços básicos.

Em terceiro e último lugar, o processo de afirmação expressa do direito à água e ao saneamento encontra-se fragmentado no que concerne ao seu conteúdo material. Isso porque cada um dos documentos jurídicos citados contempla apenas um ou outro aspecto do direito à água, sem reunir, de forma completa e coesa, todos os direitos e obrigações que integram esse direito humano, os quais já foram devidamente assinalados pela doutrina e pelo Comentário Geral n. 15 e serão trabalhados em detalhe mais adiante.[152]

Por exemplo, no âmbito universal, enquanto a CDC dispõe apenas que a água deve ter qualidade adequada, a CEDAW concentra-se no combate à discriminação no acesso à água e ao saneamento. A Convenção sobre os Direitos das Pessoas com Deficiência, por sua vez, foca no combate à discriminação aos deficientes no acesso à distribuição de água e aos serviços de saneamento, defendendo que os preços desses serviços devem ser acessíveis a esse segmento da população. Em cada um desses exemplos é latente a ausência de outros critérios e obrigações decorrentes do direito à água, tais como o fornecimento de uma quantidade mínima diária de água por pessoa, a proximidade dos pontos de distribuição e a necessidade de proteger a água como recurso natural.

Essas críticas demonstram como a afirmação expressa do direito à água por meio das normativas internacional e regional ainda é insuficiente para lidar com questões relacionadas ao direito à água e ao saneamento. É exatamente em

---

[152] Cf. "Características do direito à água", infra, pp. 129-150.

decorrência dessa fragilidade normativa que órgão judiciais e quase judiciais dos sistemas universal e regionais passaram a analisar demandas individuais sobre o acesso à água e ao saneamento com fulcro em outros direitos humanos.

O complexo exercício interpretativo de extração do direito à água e ao saneamento de outros direitos humanos é louvável, porém não traz a segurança jurídica necessária à consagração desse direito. Isso porque a análise das demandas depende essencialmente do ativismo judicial e do entendimento discricionário de cada órgão, inclusive no que diz respeito à admissão e ao fundamento legal dos pedidos, o que pode resultar em desigualdade no tratamento de demandas idênticas no que concerne à preservação e à violação do acesso a esses serviços essenciais. Além disso, assim como veremos adiante,[153] ao vincular o direito à água a um ou outro direito humano, corre-se o risco de reforçar a sua fragmentação, pois somente os aspectos que forem diretamente ligados ao direito matriz poderão ser contemplados pela análise judicial.

Por esses motivos, doutrinadores e especialistas dedicados ao estudo do direito à água enfatizam a necessidade de uma afirmação mais coesa e completa desse direito nos documentos de Direito Internacional dos Direitos Humanos, proposição que será analisada de maneira mais detalhada no capítulo 3.

---

[153] Cf. "O reconhecimento derivado e independente", infra, pp. 168-175.

Capítulo 2

Características e implicações do direito à água

Com vistas a aprofundar nosso estudo do direito à água, apresentaremos inicialmente uma breve análise de alguns modelos nacionais relevantes de consagração desse direito. Posteriormente, examinaremos as características e implicações do direito à água conforme atualmente preconizado nos âmbitos nacional, regional e internacional.

Modelos nacionais

Antes mesmo de analisar as características do direito à água e as implicações de sua consagração como um direito humano, mostra-se interessante compreender as discussões presentes nas jurisdições nacionais onde ele já tenha sido afirmado normativa ou jurisprudencialmente. Não obstante o escopo desta obra ser o estudo do direito à água afirmado no âmbito do Direito Internacional, uma rápida incursão pelos três modelos nacionais de consagração do direito à água parece-nos fundamental, tendo em vista que é no âmbito nacional que se observam análises mais robustas e completas por parte dos tribunais. Essas experiências nacionais possibilitam relevantes análises que podem servir de base para o estudo do direito à água no âmbito internacional.

O primeiro modelo nacional de consagração do direito à água é o modelo normativo, isto é, aquele no qual há previsão expressa do direito humano à água por meio de uma norma positivada, seja ela constitucional ou não.

Nessa esteira, não é por acaso que o primeiro Estado a consagrar o direito à água em seu ordenamento interno foi a África do Sul. A situação de estresse hídrico desse país é latente, com taxas de precipitações abaixo da metade da média mundial. Além disso, como resultado do sistema de *Apartheid* que imperou na África do Sul durante praticamente toda a segunda metade do século XX, o acesso à água e aos serviços a ela relacionados revela-se extremamente desigual no país. A ineficácia de redes de abastecimento nas áreas marginalizadas, bem como as políticas tarifárias e os cortes na distribuição, prejudicam essencialmente os grupos economicamente desfavorecidos.

Diversas tentativas de aprimorar o sistema de distribuição de água foram engendradas pelo governo sul-africano, especialmente por meio da privatização dos serviços de fornecimento de água e esgoto e do princípio da recuperação total dos custos (*full cost recovery*), método por meio do qual se pretende recuperar de forma completa os custos dos serviços da água, os custos ambientais e os custos de escassez desse recurso. Como consequência do aumento do preço desses serviços, ocorreram diversos cortes na distribuição de água por falta de pagamento e grande parte da população continuou sem acesso à água.

Em decorrência desse crítico contexto hídrico e das manifestações populares pela melhora do quadro de acesso à água por parte da população mais pobre, a África do Sul previu expressamente, por meio de sua Constituição de 1996, o "direito de todos ao acesso à água suficiente" (art. 27, §1, b), o qual foi alocado no grupo de direitos sociais e econômicos.

Outras leis sul-africanas vieram complementar o direito constitucional à água. O *Water Services Act* de 1997[1] definiu o que seria o acesso adequado à distribuição de água ao defender um padrão mínimo de serviços de abastecimento com quantidade e qualidade adequadas para as habitações, ainda que informais. Essa mesma lei acrescentou o direito ao saneamento básico por meio do acesso a serviços que incluam a coleta e o tratamento seguro, higiênico e adequado do esgoto e de outras excreções domésticas (art. 3º, §1); previu, ainda, que o corte nos serviços básicos de distribuição de água por motivo de não pagamento não pode ser justificado quando ficar provado que o indivíduo não tem condições financeiras para realizar o pagamento (art. 4º, §3, c). De maneira similar, a Regulamentação de 2001[2] estabeleceu critérios para que a distribuição de água seja adequada, entre eles: a quantidade mínima de 25 litros por pessoa por dia e a distância máxima de 200 metros entre o ponto de distribuição e a residência dos indivíduos (art. 3º, b, ii).

Com base nesses dispositivos, a Suprema Corte sul-africana condenou, no caso *Residents of Bon Vista Mansions vs. Southern Metropolitan Local Council* de 2002, os diversos cortes na distribuição de água por falta de pagamento realizados pela Prefeitura de Johanesburgo em detrimento de habitantes de regiões marginalizadas, determinando a reinstalação desses serviços e o abastecimento da quantidade mínima

---

[1] Water Services Act 108 of 1997, as amended by Water Services Amendment Act 30 of 2004.

[2] Regulations Relating to Compulsory National Standards and Measures to Conserve Water (R509 In Gg 22355 of 8 June 2001).

necessária de água aos demandantes que comprovassem não ter capacidade para pagar por tais serviços.[3]

Posteriormente, a Suprema Corte sul-africana proferiu similar entendimento no caso *Lindiwe Mazibuko and Others vs. The City of Johannesburg and Others* de 2008. Dessa feita, residentes de Soweto – região de Joanesburgo conhecida por agrupar grandes favelas –, reclamaram da utilização de medidores pré-pagos pelas autoridades públicas, os quais desconectavam automaticamente a distribuição de água quando a quantidade mínima estabelecida pela Regulamentação de 2001 fosse ultrapassada (25 litros de água por pessoa por dia ou de 6 m^3 de água por habitação por mês), o que obrigava essas pessoas a comprarem mais unidades de água ou então a ficarem sem esses serviços pelo restante do mês, com a subsequente ausência de água nessas residências em média duas semanas por mês.

Nesse caso, a Suprema Corte entendeu que o desligamento automático, sem notificação prévia, é análogo à política de cortes por falta de pagamento; que tal sistema não oferece ao indivíduo a chance de se retratar quanto às dificuldades no adimplemento, contrariando o direito a obter medidas administrativas justas e razoáveis (art. 33 da Constituição da África do Sul); e, assim, que se revela discriminatória e inconstitucional a utilização de medidores pré-pagos somente em bairros pobres, nos quais habita predominantemente a população negra, levando-se em consideração que nos bairros

---

[3] Case *Residents of Bon Vista Mansions vs. Southern Metropolitan Local Council*. High Court of South Africa, Case n. 01/12312. Disponível em: <http://www.constitu tionalcourt.org.za/site/home.htm>. Acesso em: 2/12/2013.

"brancos" esse serviço vinha sendo provido a crédito e com a possibilidade de negociação das dívidas.[4]

Essa decisão da Suprema Corte sul-africana foi comemorada não somente na África do Sul, mas também pelo movimento internacional pelo direito à água. Sua principal contribuição foi ter detalhado o conceito de obrigação central (*core obligation*) ao afirmar que as autoridades responsáveis devem prover, de forma imediata, o mínimo necessário de água por dia para os cidadãos que comprovem sua condição social desfavorável, além de estabelecer como base de cálculo o número de habitantes por residência, tendo em vista que nos bairros pobres as residências excedem a média sul-africana de membros por família. A Suprema Corte ainda acrescentou que, nos casos de pessoas contaminadas pelo vírus HIV, uma quantidade adicional de água pode ser reclamada em decorrência da maior necessidade de cuidados higiênicos.

Ainda, ao analisar os dados concretos relacionados à distribuição e à disponibilidade de água na cidade de Joanesburgo, a Suprema Corte aumentou a quantidade mínima a ser provida gratuitamente aos que necessitam de 25 para 50 litros de água por pessoa por dia. Esse aumento teve como fundamento dados que mostram que o município de Joanesburgo é um dos mais bem providos em termos hídricos e de infraestrutura, restando subentendido que essa quantidade pode variar nos casos em que o demandado for um município desfavorecido em termos de disponibilidade hídrica.

No entanto, em 2009 houve uma reviravolta nesse caso em decorrência de uma decisão da Corte Constitucional sul-africana, na qual restou estabelecido que a cidade de Joanesburgo

---

[4] High Court, Witwatersrand Local Division: Case *Lindiwe Mazibuko and Others vs. The City of Johannesburg and Others*, 30 April 2008.

tem apenas a obrigação de prover serviços de água na medida de seus recursos disponíveis e segundo uma base razoável, uma vez que as necessidades humanas precisam ser sopesadas por requisitos de sustentabilidade e desenvolvimento. Em suma, a Corte Constitucional defendeu que a aplicação do direito à água deve se dar apenas de forma progressiva – e não imediata, como entendeu a Suprema Corte ao defender o conceito de obrigações centrais –, pois entendeu que o suprimento instantâneo de todas as necessidades hídricas da população carente revela-se uma tarefa impossível para a municipalidade. A Corte Constitucional entendeu, ainda, que o Judiciário se excedeu ao estabelecer parâmetros de quantidade de água que devem ser fornecidas pelo Poder Público, cabendo ao Executivo definir as bases para a implementação dos direitos sociais e econômicos.

A decisão da Corte Constitucional foi considerada por alguns analistas uma oportunidade perdida de quantificar definitivamente a noção de acesso "suficiente" à água, presente no dispositivo constitucional, bem como de definir a política de distribuição mínima gratuita de água da cidade de Joanesburgo com base no indivíduo, verdadeiro titular dos direitos humanos, do que resultou a falta de proteção aos que mais necessitam desse serviço essencial. Outros entendem que a Corte Constitucional agiu de forma prudente e apropriada ao delegar ao poder discricionário do Executivo as definições quanto à política de distribuição hídrica. Nesse sentido, caso tivesse estabelecido um padrão mínimo de distribuição a ser obrigatoriamente seguido pela municipalidade, os indivíduos que se encontrassem na mesma situação em todo o país poderiam reclamar tal direito, o que dificilmente seria efetivado na maioria das cidades sul-africanas que não possuem disponibilidade hídrica e estrutura física de distribuição para tanto.

De fato, o direito à água com o padrão mínimo definido dessa forma dificilmente seria implementado no restante daquele país, que ainda não atingiu um nível elevado de desenvolvimento estrutural e social.[5]

Vale reiterar que, no caso da África do Sul, o direito de acesso à água suficiente foi incluído na seção de direitos sociais e econômicos da Constituição, direitos cuja efetivação depende das condições e possibilidades materiais do Estado; além disso, contrariamente ao disposto no Comentário Geral n. 15, não foram estabelecidas obrigações centrais como a provisão de uma quantidade mínima exata de água. Aguarda-se que as cortes sul-africanas adotem novas decisões para que se possa compreender se o entendimento da Corte Constitucional será sedimentado ou se ele será substituído por decisões mais ativistas que definam em termos quantitativos o significado do "acesso à água suficiente".

Além do modelo normativo adotado pela África do Sul, a afirmação do direito à água pode ocorrer pela via do modelo jurisprudencial, isto é, em razão do ativismo judicial nos ordenamentos jurídicos em que inexista a previsão legal expressa desse direito. Nessa hipótese se enquadram dois exemplos diversos, o da Argentina e o da Índia.

A Argentina, segundo modelo de consagração do direito à água a ser analisado, tem se demonstrado bastante aberta ao Direito Internacional e à sua interpretação originária, tanto que as convenções de direitos humanos integram seu bloco de constitucionalidade e, segundo a Suprema Corte, as interpretações dos órgãos da ONU sobre os tratados-base devem ser obrigatoriamente seguidas internamente. Dessa forma, o

---

[5] HUMBY, T.; GRANDBOISG, M. The human right to water in South Africa and the Mazibuko decisions. *Les Cahiers de droit*, 51 (3-4), 2010, p. 537.

já analisado Comentário Geral n. 15 assume uma posição de destaque no sistema jurídico argentino, auxiliando a interpretação dos juízes nos casos em que se discute o acesso à água e ao saneamento adequados.

Em 2004, no caso *Marchisio José Bautista y Otros vs Provincia de Cordoba*,[6] discutiu-se a falta de acesso à água potável causada pela instalação de uma usina de tratamento de resíduos na periferia da cidade de Córdoba. A população carente da região, não tendo acesso aos serviços públicos de distribuição de água, utilizava-se das águas poluídas subterrâneas e dos rios para satisfazer suas necessidades hídricas, o que não raramente era motivo de infecções.

No caso, a justiça argentina decidiu pela violação do direito à água implícito no direito à saúde, citando, inclusive, o Pacto Econômico e o Comentário Geral n. 15 como fundamentos; estabeleceu, ainda, que a cidade de Córdoba deveria adotar medidas urgentes para conter a poluição hídrica, até que uma solução permanente fosse encontrada. Adicionalmente, determinou que, enquanto não ocorresse o acesso definitivo dessas famílias à distribuição da água, 200 litros de água diários por residência deveriam ser providos pelo poder público por meio de caminhões-tanque. Por fim, estabeleceu que um sistema adequado de tratamento de esgoto deveria ser implantado na região.

A ideia de prover uma quantidade mínima de água se encaixa nas obrigações centrais (*core obligations*) de aplicabilidade imediata enumeradas no Comentário Geral n. 15, enquanto a determinação de construir um sistema de esgoto adequado

---

6 Caso *Marchisio, José Bautista y otros c/ Superior Gobierno de la Provincia de Córdoba y otro s/ amparo* (Caso *Chacras de la Merced*). Juzgado de 1ª Instancia y 8ª Nominación en lo Civil y Comercial de Córdoba, 19 de octubre de 2004.

tem relação com o aspecto progressivo da implementação dos direitos econômicos e sociais.[7]

O caso relatado demonstra a importância do papel da sociedade civil organizada na judicialização do direito à água, pois foi a ONG Centro de Derechos Humanos y Ambiente (CEDHA) que ajuizou a demanda em nome das vítimas, as quais demonstraram não ter consciência da possibilidade de reclamar esse direito em juízo.

Em 2007, o Tribunal de Justiça de Buenos Aires, na decisão no caso *Asociación Civil por la Igualdad y la Justicia vs. GCBA*, reforçou a existência do direito à água, dessa vez enfatizando a necessidade de distribuição contínua de água mesmo que por meio de cisternas e caminhões-pipa.[8]

Outros casos decididos pelo judiciário argentino já trataram de modo similar do direito à água e ao saneamento, enfatizando elementos como a vulnerabilidade e a dependência dos recursos hídricos por parte das comunidades indígenas,[9] bem como a obrigação do Estado de proteger o acesso à água nos casos em que as empresas distribuidoras de serviços sejam privatizadas.[10]

Assim, o sistema jurídico argentino permitiu a análise do direito à água e ao saneamento por meio de outros direitos

---

[7] WINKLER, Inga. Judicial Enforcement of the Human Right to Water – Case Law from South Africa, Argentina and India, 2008 (1). *Law, Social Justice & Global Development Journal* (LGD). Disponível em: <http://www.go.warwick.ac.uk/elj/lgd/2008_1/winkler>. Acesso em: 11/12/2013.

[8] *Asociación Civil por la Igualdad y la Justicia vs. GCBA* sobre amparo. (Art. 14 Ccaba), EXPTE: EXP 20898/Ciudad de Buenos Aires, 18 julio 2007.

[9] Caso *Menores Comunidad Paynemil s/accion de amparo*, Expte 311-CA-1997, Sala II, Cámara de Apelaciones en lo Civil, Neuquén, Argentina, 19 mayo 1997.

[10] Caso *Quevedo Miguel Angel y otros vs. Aguas Cordobesas S.A. Amparo*, Cordoba City, Juez Sustituta de Primera Instancia y 51 Nominacion en lo Civil y Comercial de la Ciudad de Cordoba (Civil and Commercial First Instance Court), 8 abr. 2002.

humanos consagrados em sua Constituição (direito à saúde e direito ao meio ambiente sadio), bem como por meio dos direitos humanos inscritos no Pacto Econômico e interpretados pelo Comentário Geral n. 15.

O terceiro modelo de consagração do direito à água é proveniente da Índia, país que vem possibilitando o exame de situações ligadas ao direito à água por meio do direito à vida (art. 27). Essa escolha produz efeitos interessantes, entre eles, a facilidade de não ter que entrar na discussão sobre a aplicação progressiva e sobre a verdadeira judicialização dos direitos econômicos e sociais, tendo em vista que o direito à vida faz parte dos direitos civis e políticos, os quais se beneficiam de aplicação imediata.[11]

Em 1991, a Suprema Corte Indiana, ao julgar o caso *Subhash Kumar vs. State of Bihar and Others*, entendeu que "o gozo da água e do ar livres de riscos e poluição" integram o direito à vida. Essa decisão serviu de precedente para muitas outras decisões subsequentes dessa e de outras cortes indianas.[12]

Nessa linha, no caso *Perumatty Grama Panchayat vs. State of Kerala* de 2003[13] o Tribunal de Justiça da região de Kerala cancelou, em nome do "direito à água potável que integra o direito à vida", a autorização de funcionamento da *Coca-Cola Company* por extrair quantidades excessivas de água subterrânea, suficientes para causar uma situação de estresse hídrico na região e impedir o acesso à água por parte da população. Nessa decisão a Corte também afirmou o viés ambiental do

---

[11] Para uma análise mais detalhada sobre a diferença entre aplicação imediata e progressiva, cf. "Obrigações dos Estados", infra, pp. 130-136.

[12] Supreme Court of India, Case *Subhash Kumar vs. State Of Bihar And Ors*, 9 January 1991 (AIR 420, 1991 SCR [1] 5).

[13] High Court of Kerala, Case *Perumatty Grama Panchayat vs. State of Kerala*, 16 December 2003 (2004 [1] KLT 731).

direito à vida, já mencionado em decisões anteriores, fazendo referência expressa a documentos da normativa ambiental internacional, entre eles a Declaração de Estocolmo de 1972. A municipalidade decidiu permitir o funcionamento da fábrica, mas estabeleceu uma lista com 33 demandas, dentre elas a de que a Coca-Cola não poderia extrair água do subsolo e que a extração das fontes de água não poderia ultrapassar 50 mil litros por dia. O caso ainda aguarda julgamento pela Suprema Corte Indiana.

Ainda no que tange ao ordenamento indiano, interessante notar que no caso *S.K. Garg vs. State of Uttar Pradesh and Others*,[14] em que se discutiam as precariedades do serviço de distribuição de água e a falta desse acesso por períodos longos durante o mês, o Tribunal de Justiça de Allahabad proferiu uma decisão inovadora ao ordenar a composição de um comitê para a realização de estudos e a elaboração de soluções técnicas para o caso, determinando não apenas medidas emergenciais como também de longo prazo.[15] Essa ideia de convocar um corpo de especialistas partiu do reconhecimento, por parte da corte, de sua incapacidade técnica para analisar os problemas em questão e de sua intenção de encontrar as melhores soluções possíveis para os problemas presentes e, simultaneamente, evitar problemas futuros similares.

Da análise dos casos indianos, percebe-se uma forte ligação entre proteção ambiental e direito à água, em contraposição ao desenvolvimento econômico desmesurado, inclusive com

---

[14] Allahabad High Court, Case *S.K. Garg vs. State Of U.P. And Ors*, 28 May 1998 (1998 [2] UPLBEC 1211).

[15] WINKLER, Inga. Judicial Enforcement of the Human Right to Water – Case Law from South Africa, Argentina and India, 2008 (1). *Law, Social Justice & Global Development Journal* (LGD), p. 14. Disponível em: <http://www.go.warwick.ac.uk/elj/lgd/2008_1/winkler>. Acesso em: 11/11/2013.

alusões aos documentos do Direito Internacional do Meio Ambiente citados anteriormente.[16]

Em síntese, as cortes que compõem esses três sistemas jurídicos (África do Sul, Argentina e Índia) já se manifestaram sobre praticamente todas as obrigações decorrentes do direito à água assim como foi definido pelo Comentário Geral n. 15, as quais analisaremos em detalhe a seguir.

Muitos outros Estados de diversos continentes e tradições jurídicas já protagonizaram a consagração do direito à água, seja ela normativa ou jurisprudencial. Enquanto a maioria dos Estados permite a análise judicial de demandas relacionadas ao direito à água sem consagrá-lo expressamente, outros Estados já consagraram o direito à água em suas constituições conforme o modelo sul-africano, dentre eles: Bolívia,[17] Colômbia,[18] Congo,[19] Etiópia,[20] Equador,[21] Gâmbia,[22] Nicarágua,[23] Níger,[24] Quênia,[25] Uganda,[26] Uruguai,[27] Zâmbia,[28] e Zimbábue.[29] Ainda, em outros países, como na Bélgica,[30] o direito humano

---

[16] Cf. "No Direito Internacional do Meio Ambiente", supra, pp. 69-75.

[17] Arts. 16 e 20 da Constituição.

[18] Art. 336 da Constituição.

[19] Art. 48 da Constituição.

[20] Art. 90, §1º, da Constituição.

[21] Arts. 3º, 12, 23 e 42 da Constituição.

[22] Art. 216, §4º, da Constituição.

[23] Art. 105 da Constituição.

[24] Art. 12 da Constituição.

[25] Art. 43, §1, d, e art. 56, e, da Constituição.

[26] Art. 14 da Constituição.

[27] Art. 47 da Constituição.

[28] Art. 10, z, aa, da Constituição.

[29] Art. 77 da Constituição.

[30] Région wallonne, Décret de 1999; l'Ordonnance de 1994, Région de Bruxelas-Capitale, Région flamande, Décret de 1997.

à água foi inscrito em legislações regionais, tendo em vista a ampla autonomia dos entes federados nesse assunto.

Por fim, essas análises sobre os modelos nacionais de consagração do direito à água auxiliam a compreensão das diferentes formas e das possíveis implicações da afirmação do direito à água. O exemplo da África do Sul é frequentemente citado como o modelo ideal por ter previsto expressamente os direitos e obrigações do direito à água, mas, da análise dos outros modelos, fica claro que, mesmo nos casos em que o direito à água não é afirmado expressamente como um direito humano, as demandas podem e devem ser aceitas pelo judiciário, ainda que com fundamento em outro direito humano já expressamente inscrito na normativa nacional. Nesse caso, a grande dificuldade consiste no fato de que a análise passa a depender da discricionariedade das cortes em interpretar de forma extensiva os direitos humanos utilizados como base legal das demandas.[31]

Uma vez verificada a presença normativa e jurisprudencial do direito à água tanto no Direito Internacional como nos ordenamentos nacionais, mostra-se importante discorrer sobre as características e as implicações da afirmação do direito à água.

Características do direito à água

O direito à água se baseia em algumas premissas essenciais que não podem ser ignoradas, fazendo-se mister analisar tanto as obrigações quanto os direitos dele decorrentes.

---

[31] WINKLER, Inga. Judicial Enforcement of the Human Right to Water – Case Law from South Africa, Argentina and India, 2008 (1). *Law, Social Justice & Global Development Journal* (LGD), p. 14. Disponível em: <http://www.go.warwick. ac.uk/elj/lgd/2008_1/winkler>. Acesso em: 11/11/2013.

A importância do Comentário Geral n. 15, de 2002, do Comitê Econômico como o documento jurídico mais completo já foi mencionada anteriormente, em especial no que diz respeito à definição dos contornos e do conteúdo do direito à água; por esse motivo, tal documento servirá de base para nossa análise sobre as características e implicações do direito à água. Outros exemplos da normativa e da jurisprudência internacionais e nacionais também serão invocados em nossas discussões.

Obrigações dos Estados

Os destinatários das obrigações decorrentes do direito à água são, de forma direta, os Estados, e, indiretamente, as pessoas jurídicas, as comunidades e outros indivíduos. Para melhor compreender essa questão, vale analisar a forma como o Comitê Econômico definiu – de acordo com a praxe atual no campo dos direitos econômicos, sociais e culturais – três tipos de obrigações às quais os Estados estão submetidos no que diz respeito ao direito à água e ao saneamento.[32]

Em primeiro lugar, o Estado tem *obrigação de respeitar* o direito à água, isto é, espera-se que ele não interfira negativamente, violando de forma direta o gozo do direito à água e ao saneamento já adquirido pelos seus cidadãos. Podem ser citados como exemplos da obrigação de respeitar: (i) a obrigação de não transferir para outras atividades os recursos hídricos dos quais uma comunidade dependa para satisfazer suas necessidades, como, por exemplo, alocar água para atividades de cunho industrial; (ii) a obrigação de preservar, inclusive não

---

[32] Parágrafo 20 do Comentário Geral n. 15 do Comitê dos Direitos Econômicos, Sociais e Culturais das Nações Unidas, "O direito à água (arts. 11 e 12 do Pacto Internacional sobre Direitos Econômicos, Sociais e Culturais)" (E/C.12/2002/11, 20 jan. 2003).

poluindo por iniciativa própria, as fontes de água e a qualidade das águas; (iii) a obrigação de não impedir o acesso à informação relacionada à água e ao saneamento pelos usuários dos serviços; (iv) a obrigação de não interromper o acesso à água dos indivíduos, especialmente em casos de cortes arbitrários que ocorram sem o respeito às garantias legais, isto é, sem notificação e tentativa prévia de negociação.

Especificamente quanto aos cortes, o Comentário Geral n. 15 determina que o Estado assegure que indivíduos incapazes de pagar pelos serviços não sejam privados do acesso à quantidade mínima essencial de água.[33] Nesse ponto, vale mencionar que o respeito à quantidade mínima existencial de água também foi consagrado por importantes decisões provenientes dos judiciários argentino e sul-africano.[34]

Em segundo lugar, a *obrigação de proteger* exige que os Estados adotem as medidas necessárias no sentido de prevenir que terceiros – indivíduos, grupos ou empresas – interfiram no gozo do direito à água. Os exemplos de obrigação de proteger são basicamente os mesmos da obrigação de respeitar, mas, nesse caso, o Estado tem o dever de prevenir, com normas regulatórias, ou de punir, com sanções administrativas e judiciais, terceiros que realizem esses atos. O exemplo mais frequente dessa situação é o caso em que empresas se utilizam de quantidades excessivas de água ou poluem os

---

[33] Parágrafos 44 (a) e 56 do Comentário Geral n. 15 do Comitê dos Direitos Econômicos, Sociais e Culturais das Nações Unidas, "O direito à água (arts. 11 e 12 do Pacto Internacional sobre Direitos Econômicos, Sociais e Culturais)" (E/C.12/2002/11, 20 jan. 2003).

[34] Caso *Marchisio, José Bautista y otros c/ Superior Gobierno de la Provincia de Córdoba y otro s/ amparo* (caso *Chacras de la Merced*). Juzgado de 1ª Instancia y 8ª Nominación en lo Civil y Comercial de Córdoba, 19 de octubre de 2004; High Court, Witwatersrand Local Division: Case *Lindiwe Mazibuko and Others v. The City of Johannesburg and Others*, 30 April 2008.

cursos de rios, impedindo que as comunidades possam satisfazer suas necessidades pessoais e domésticas.

Nesse sentido, a Comissão Africana condenou a Nigéria por não prevenir que a empresa *Shell Oil* poluísse os recursos hídricos, o que resultou na privação do acesso à água adequada por parte da população local.[35] O judiciário indiano também teve o mesmo entendimento em diversos casos, reconhecendo a responsabilidade do Estado e até mesmo ordenando a suspensão das atividades de empresas que não cumpriram decisões preliminares no sentido de diminuir a quantidade de água extraída do subsolo e dos cursos de água.[36]

A questão do fornecimento de água que envolva terceiros, especialmente nos casos em que esse serviço é privatizado, também integra a obrigação de proteger. Aqui vale esclarecer que, ao contrário do que muitos ativistas defendem, a privatização dos serviços ligados à água e ao saneamento não é proibida pelos documentos que afirmam o direito à água. Inclusive, o próprio Comentário Geral n. 15 ratifica a tese de que a água deve ser tratada fundamentalmente como um bem social e cultural, mas não se exclui sua classificação como bem econômico.[37]

Mesmo assim, é sabido que a gestão privada dos serviços hídricos normalmente aplica o princípio da recuperação total dos custos (*full cost recovery*), o que aumenta a tarifa dos

---

[35] Case *The Social and Economic Rights Action Center and the Center for Economic and Social Rights vs. Nigeria*, African Commission on Human and Peoples' Rights, Comm. n. 155/96 (2001).

[36] High Court of Kerala, Case *Perumatty Grama Panchayat vs. State of Kerala*, 16 December 2003 (2004 (1) KLT 731).

[37] Parágrafos 11 e 12 do Comentário Geral n. 15 do Comitê dos Direitos Econômicos, Sociais e Culturais das Nações Unidas, "O Direito à água (arts. 11 e 12 do Pacto Internacional sobre Direitos Econômicos, Sociais e Culturais)" (E/C.12/2002/11, 20 jan. 2003).

serviços e pode dificultar o acesso à água e ao saneamento pelas populações desfavorecidas.[38] Dessa forma, a escolha de envolver terceiros nesses serviços essenciais não pode desonerar o poder público de suas obrigações quanto aos direitos humanos, e, nesse contexto, o Estado tem a obrigação de colocar em prática um sistema regulatório condizente com os critérios de acessibilidade à água e ao saneamento, os quais ainda serão discutidos neste capítulo.[39]

Em terceiro lugar, a chamada *obrigação de garantir* dos Estados engloba medidas positivas que facilitem, promovam ou assegurem o direito à água, assistindo os indivíduos a realizarem esse direito. Inicialmente, espera-se que os indivíduos utilizem seus próprios meios e métodos para suprirem suas necessidades, mas, nos casos em que isso não se mostre possível, cabe ao Estado agir no sentido de prover o acesso à água e ao saneamento adequados. Enquadram-se nessa terceira hipótese: (i) a realização de políticas públicas com o objetivo de ampliar o sistema de distribuição de água para novos usuários anteriormente privados do acesso à água; (ii) o provimento de informações e o incentivo à participação dos usuários na gestão e na tomada de decisão quanto às políticas hídricas e de saneamento básico; e (iii) o subsídio e até mesmo a gratuidade na distribuição da quantidade mínima necessária de água para a sobrevivência humana.

---

[38] Essa preocupação já foi objeto de resolução por parte do Parlamento da União Europeia. Résolution du Parlement européen sur la communication de la Commission sur la gestion de l'eau dans les pays en développement: politique et priorités de la coopération au développement de l'UE, COM(2002) 132 – C5-0335/2002-2002/2179(COS), JO C 76E du 25.03.2004, pp. 430-435, 4 septembre 2003.

[39] Parágrafo 24 do Comentário Geral n. 15 do Comitê dos Direitos Econômicos, Sociais e Culturais das Nações Unidas, "O Direito à água (arts. 11 e 12 do Pacto Internacional sobre Direitos Econômicos, Sociais e Culturais)" (E/C.12/2002/11, 20 jan. 2003).

Um exemplo interessante quanto à gratuidade é a política sul-africana de distribuição de água, a chamada *South African Free Basic Water Policy*,[40] que instituiu a obrigação de fornecimento mensal e gratuito de 6 mil litros de água às residências das famílias que comprovadamente não têm condições de pagar por esse serviço.

Portanto, são esses os três grupos de obrigações originárias do direito à água. Dessa análise, infere-se que o direito à água poderia ser incluído simultaneamente na categoria de *direito negativo*, fundado na não violação do direito à água, e de *direito positivo*, quando forem necessárias verdadeiras ações afirmativas do Estado para que essas obrigações sejam cumpridas. No primeiro caso, protege-se o direito à água por meio da não interferência do Estado no livre acesso à água e saneamento adequados; da proteção contra cortes ilegais do acesso à água; da proteção contra a poluição das fontes e rios por parte do Estado; da não discriminação no acesso à água potável e ao saneamento básico. No segundo caso, o direito à água obriga o Estado a garantir: o acesso a uma quantidade mínima de água potável para a vida e para a saúde; a participação nos processos de decisão em níveis nacional e regional; a proibição e a sanção a terceiros poluidores.

Ainda quanto às obrigações relativas ao direito à água, deve-se ter em mente a importante distinção entre *realização progressiva* e *obrigações fundamentais* (*core obligations*), que permeia discussões doutrinárias e jurisprudenciais relacionadas aos direitos econômicos, sociais e culturais. Enquanto o art. 2º do Pacto Civil determina que as obrigações decorrentes

---

[40] Para maiores esclarecimentos sobre essa política de gratuidade, cf. DEPARTMENT: WATER AFFAIRS AND FORESTRY. *Frequently asked Questions and Answers on the Free Basic Water Policy*, August 2012. Disponível em: <http://www.dwaf.gov.za/documents/fbw/qabrochureaug2002.pdf>. Acesso em: 29/11/2013.

de seus dispositivos têm aplicação imediata, o art. 2º (1) do Pacto Econômico define que as obrigações relativas a seus dispositivos devem ser cumpridas de forma progressiva, na medida dos recursos disponíveis, até que se alcance a sua realização total. A lógica da progressividade é a de que não é possível reclamar a realização completa dos direitos econômicos, sociais e culturais em um período curto de tempo, pois, para isso, são necessárias ações constantes dos Estados não somente quanto à elaboração de políticas e diretrizes, mas também no tocante à alocação de recursos materiais.

Apesar dessa progressividade na efetivação dos direitos de segunda geração, o Comitê Econômico considera que para cada direito humano existem obrigações centrais (*core obligations*), as quais devem gozar de aplicação imediata por refletirem um padrão mínimo de direitos e liberdades necessários para assegurar a sobrevivência e a dignidade humanas. Assim, em sua missão de realizar os direitos humanos, o Estado deve ter como ponto de partida as obrigações centrais estabelecidas nos comentários gerais. O caso do direito à água não é diferente e, por isso, o Comentário Geral n. 15 enumera dentre as obrigações centrais o provimento do mínimo essencial de água por dia e a obrigação de não discriminação quanto ao acesso à água.[41]

Essa distinção entre obrigações centrais – que demandam aplicação imediata – e realização completa do direito à água – sujeita à aplicação progressiva – mostra-se extremamente relevante para a análise das implicações do direito à água e

---

[41] Parágrafo 37 do Comentário Geral n. 15 do Comitê dos Direitos Econômicos, Sociais e Culturais das Nações Unidas, "O direito à água (arts. 11 e 12 do Pacto Internacional sobre Direitos Econômicos, Sociais e Culturais)" (E/C.12/2002/11, 20 jan. 2003).

será objeto de discussão mais aprofundada quando da análise das prioridades na alocação da água.[42]

Finalmente, vale lembrar que outros agentes que não as autoridades públicas, entre eles as empresas e outros indivíduos, também são chamados a respeitar algumas obrigações relativas ao direito à água. Dentre essas obrigações, pode-se afirmar que os terceiros devem: evitar o desperdício e a poluição da água; pagar o preço pelos serviços de água e saneamento; ou, caso não tenham condições para realizar o pagamento, avisar as autoridades públicas e requerer assistência e um processo de negociação. No entanto, em última análise, é o Estado que responde por não prevenir, não investigar ou não punir os terceiros que desrespeitarem essas obrigações.

Conteúdo normativo

Especificamente no que diz respeito ao conteúdo normativo do direito à água, procederemos inicialmente à análise dos usos e atividades geralmente garantidos por esse direito e, posteriormente, examinaremos os elementos do fornecimento adequado de água conforme preconizados pela normativa internacional.

a) Os destinatários do direito à água – usos e atividades

Do ponto de vista dos destinatários do direito à água, o Comentário Geral n. 15 prevê a existência de liberdades e de direitos para que os indivíduos tenham o acesso adequado tanto à água quanto ao saneamento. Não é possível afirmar, portanto, que empresas, ONGs ou mesmo instituições públicas tenham direito à água.

---

[42] Cf. "Para alocação da água", infra, pp. 150-155.

136

Da mesma forma, integram o direito humano à água apenas os usos e atividades destinados às necessidades pessoais e domésticas, como o consumo imediato para sanar a sede, preparar alimentos, lavar roupas e realizar a higiene pessoal e doméstica.

Não se ignora a importância da água para outras atividades e até mesmo para a realização de outros direitos humanos. Sabemos que a água destinada à indústria, às atividades comerciais e à produção de energia tem relação direta com o direito ao trabalho e o direito ao desenvolvimento; ao mesmo tempo que a água utilizada para práticas religiosas, culturais e recreativas é importante para a realização dos direitos culturais. Entretanto, tendo em vista que a proteção desses usos sob a bandeira do direito à água aumentaria em demasiado sua abrangência a ponto de torná-lo um compilado de outros direitos humanos, entende-se, de forma relativamente pacífica, que as demandas relativas a esses usos devem ser discutidas sob a guarida dos direitos humanos diretamente a eles relacionados, evitando-se a invocação do direito à água nesses casos.

Mais controversos são os usos da água para a irrigação e para o saneamento.

No que tange à irrigação destinada à agricultura, vale lembrar que, apesar de ser o setor que mais consome água – em média 70% da água que o homem utiliza –, nem toda a produção agrícola é destinada à alimentação, tendo em vista o aumento da demanda por biocombustíveis, plantas ornamentais e também por produtos alimentícios de luxo ou fora de estação. Essas atividades, que consomem uma quantidade não negligenciável de água, não ensejam a proteção do direito à alimentação, tampouco do direito à água.

Assim, a discussão se volta para a água destinada exclusivamente à produção agrícola alimentícia e para a possibilidade de incluí-la nas obrigações decorrentes do direito à água, especialmente no que concerne à agricultura de subsistência. O próprio Comentário Geral n. 15, apesar de afirmar a necessidade de se considerar a água para produção alimentícia, faz referência direta ao direito à alimentação suficiente.[43] A doutrina também tende a considerar que a água para a irrigação, mesmo nos casos da agricultura de subsistência, é uma preocupação a ser trabalhada no seio do direito à alimentação. Isso porque, nessa situação, o acesso à água não é um fim em si mesmo, mas um meio para alcançar a alimentação suficiente e, em última análise, realizar a obrigação central (*core obligation*) de erradicar a fome, obrigação essa que pode ser cumprida por outros métodos que não a agricultura local, por exemplo, por meio da importação de alimentos de outras regiões com melhor situação hídrica.[44]

Além disso, sob uma perspectiva prática, a inclusão do uso da água para irrigação sob a proteção do direito à água aumentaria excessivamente a quantidade de água a ser fornecida e as medidas a serem tomadas pelos Estados, o que dificilmente seria colocado em prática pelos países em desenvolvimento e por aqueles que vivem em situação de estresse hídrico.

Igualmente delicada é a questão do uso da água para o saneamento, que enseja posições diversas de doutrinadores e especialistas. Inicialmente, propôs-se considerar o direito

---

[43] Parágrafo 6º do Comentário Geral n. 15 do Comitê dos Direitos Econômicos, Sociais e Culturais das Nações Unidas, "O direito à água (arts. 11 e 12 do Pacto Internacional sobre Direitos Econômicos, Sociais e Culturais)" (E/C.12/2002/11, 20 jan. 2003).

[44] WINKLER, Inga T. *The Human Right do Water*: Significance, Legal Status and Implications for Water Allocation. Oxford: Hart Publishing, 2012. pp. 129-131.

ao saneamento de forma conexa ao direito à água, o que se infere do próprio título do Comentário Geral n. 15, além de diversos outros documentos jurídicos e de artigos doutrinários que trazem expressamente a fórmula "direito à água e ao saneamento". De fato, não são poucas as ligações entre água e saneamento que explicam o tratamento comum de ambos sob o mesmo dispositivo.

O saneamento inadequado é causa de contaminação dos cursos d'água, dos solos, das águas subterrâneas e, em última análise, da água que é consumida, o que compromete diretamente a saúde dos indivíduos. Estima-se que 88% das mortes por diarreia sejam causadas pelo saneamento e higiene inadequados;[45] além disso, morrem anualmente mais crianças por doenças decorrentes do consumo de água de má qualidade do que de HIV, malária e tuberculose juntas.[46]

Quando se fala de saneamento, automaticamente nos vem à mente o sistema que utiliza a água como meio de coleta e transporte para o tratamento de excrementos humanos. De fato, esse é o sistema mais comum no mundo desenvolvido e nas grandes cidades e, sem dúvida, é aquele que traz maior conforto aos indivíduos, especialmente se instalados e mantidos de forma adequada e se o acesso for próximo e irrestrito. Imagina-se que foram esses os motivos pelos quais se estabeleceu de pronto uma conexão direta entre direito à água e direito ao saneamento.

---

[45] WORLD HEALTH ORGANIZATION-WHO. Water, Sanitation and Hygiene Links to Health, Facts And Figures. Geneva, 2004, p. 1. Disponível em: <http://www.who.int/water_sanitation_health/en/factsfigures04.pdf>. Acesso em: 22/11/2013.

[46] WORLD HEALTH ORGANIZATION, UN-WATER. Global Annual Assessment of Sanitation and Drinking-Water (GLAAS): Targeting Resources for Better Results. Geneva, 2010, p. 2.

No entanto, existem diversas outras formas, talvez menos sofisticadas, complexas e custosas, de saneamento que não necessariamente fazem uso da água e que devem ser consideradas como alternativas ao uso do saneamento hídrico, dentre elas a fossa séptica, latrinas e banheiros de compostagem.

À primeira vista, parece um tanto quanto estranho defender o uso dessas estruturas relativamente rudimentares de saneamento, notadamente porque os sistemas hídricos de saneamento são muito melhor aceitos culturalmente, em termos de conforto e de estética. Mas é importante lembrar que 2,4 bilhões de pessoas não possuem acesso adequado nem mesmo a esses sistemas mais rudimentares, fazendo suas necessidades primárias ao ar livre, em recipientes e sacolas plásticas desprovidas da segurança e da higiene adequadas.[47] Essa situação ocorre especialmente em áreas rurais afastadas ou em grandes favelas, e coloca a população em situação de risco, sujeitando-a a contrair doenças diretamente ou por meio da contaminação dos cursos d'água. Não é, portanto, a técnica em si que determina a realização do direito ao saneamento, mas sim a preservação da segurança, da privacidade e da dignidade no acesso ao saneamento adequado.

Diante dessa realidade, especialistas acreditam que essas formas alternativas de saneamento também devem ser incentivadas para que se busque o acesso universal ao saneamento. Essa é uma das metas da Declaração do Milênio que foram mais negligenciadas.[48]

---

[47] UNICEF-WHO, Progress on sanitation and drinking water – 2015 update and MDG assessment, pp. 4-5. Disponível on-line em: <http://www.unicef.org/publications/files/Progress_on_Sanitation_and_Drinking_Water_2015_Update_.pdf>. Acesso em: 12/12/2015.

[48] UNITED NATIONS DEPARTMENT OF ECONOMIC AND SOCIAL AFFAIRS, Water for Life Decade, Access to sanitation. Disponível em: <http://www.un.org/waterforlifedecade/sanitation.shtml>. Acesso em: 20/11/2013.

Assim, entende-se que técnicas de saneamento desvinculadas dos recursos hídricos também devem ser efetivadas segundo critérios de segurança, proximidade, acessibilidade e não discriminação, embora não se possa defender que elas integrem as obrigações relativas ao direito à água. Isso porque, ao se tratar o direito ao saneamento de forma vinculada ao direito à água, todos esses aspectos importantes das diversas formas alternativas de saneamento não são contemplados.

Portanto, apesar da conexão inicial entre direito à água e direito ao saneamento ter dado visibilidade a esse último, é importante que o direito ao saneamento comece a ser respeitado e consagrado independentemente do direito à água, como outra modalidade do "direito a um nível adequado de vida" (art. 11, §1), o que já começou a ocorrer por meio de declarações formais, seja do Comitê Econômico,[49] seja da antiga Relatora Especial para o Direito à Água e ao Saneamento,[50] a qual demonstrou claramente sua opinião quanto às especificidades do direito ao saneamento que não são cobertas por nenhum outro direito humano.

Por fim, nos locais onde estão implantados sistemas de saneamento que utilizam a água como meio de coleta e transporte dos excrementos, é necessário que os diversos critérios estabelecidos pelo Comentário Geral n. 15 sejam respeitados e, nesses casos específicos, a água utilizada para o saneamento deve sim ser considerada dentro das obrigações do direito à água.

Essas discussões sobre a irrigação e o saneamento são apenas alguns dos exemplos da interligação entre direito à água e

---

[49] Committee on Economic, Social and Cultural Rights, Statement on the Right to Sanitation (E/C.12/2010/1, Geneva, 1-19 November 2010).

[50] Human Rights Council. Report of the independent expert on the issue of human rights obligations related to access to safe drinking water and sanitation, Catarina de Albuquerque (A/HRC/12/24, 1 july 2009), §69.

outros direitos humanos, corroborando a ideia de que "todos os direitos humanos são universais, indivisíveis, interdependentes e inter-relacionados".[51] Mesmo assim, frisa-se, há de se tomar cuidado para não incluir todos os usos da água no escopo de proteção do direito à água, sob pena de minar as chances de uma aceitação mais ampla desse direito pela comunidade internacional.

b) O fornecimento adequado de água – quantidade, qualidade e acessibilidade

Uma vez que já tratamos de quais usos da água devem ser considerados sob a perspectiva do direito à água, é importante definir alguns aspectos relativos ao fornecimento de água, tais como a quantidade, a qualidade e a acessibilidade desses serviços.

Mais especificamente sobre a disponibilidade de água, o Comentário Geral n. 15 defende que o seu fornecimento deve ser contínuo e suficiente. Esse critério de continuidade tem relação com os cortes de abastecimento.

No que tange à *quantidade* de água suficiente para atender as necessidades pessoais e domésticas, é importante reconhecer a fragilidade de qualquer afirmação que não leve em consideração variáveis como as necessidades especiais de alguns grupos de indivíduos – mulheres grávidas e lactantes, pessoas com doenças que requerem maiores cuidados de higiene – ou, ainda, a disponibilidade física dos recursos hídricos em cada região. Mesmo assim, alguns parâmetros mínimos de fornecimento de água foram estabelecidos pela Organização Mundial da Saúde (OMS) e servem como base para diversos

---

[51] Art. 5, Vienna Declaration and Programme of Action, Adopted by the World Conference on Human Rights in Vienna on 25 June 1993.

documentos jurídicos que afirmam o direito à água, inclusive para o Comentário Geral n. 15.

Para melhor compreender como a OMS e outras instituições definem esses padrões, é importante tratarmos dos diversos níveis de realização do direito à água. A classificação elaborada por Inga Winkler, renomada especialista no assunto, no tocante à quantidade de água a ser provida, mostra-se útil para esse fim. Assim, pode-se dizer que existem quatro diferentes *níveis de realização* do direito à água, a saber: (i) *nível de sobrevivência*: o ser humano deve consumir de 2 a 4,5 litros de água por dia para garantir a sua sobrevivência, dependendo das condições climáticas e de seu nível de atividade física; (ii) *nível fundamental*: entre 20 e 25 litros de água por dia para os usos pessoais e domésticos a fim de assegurar a saúde mínima dos indivíduos, tais como a preparação de alimentos, higiene mínima pessoal e do lar; (iii) *nível de realização completa do direito à água*: entre 50 e 100 litros de água por dia para a realização de todas necessidades relacionadas aos usos pessoais e domésticos cobertos pelo direito à água, os quais asseguram condições adequadas de vida; (iv) *nível superior ao garantido pelo direito à água*: quantidades superiores a 100 litros de água por dia para outros usos e atividades que não os listados como obrigações decorrentes do direito à água, por exemplo, atividades comerciais, industriais, recreativas, religiosas e culturais.[52]

Os dois primeiros níveis dizem respeito às obrigações centrais (*core obligations*) e à preocupação principal de fornecer de maneira imediata a quantidade mínima essencial de água

---

[52] WINKLER, Inga T. *The Human Right do Water:* Significance, Legal Status and Implications for Water Allocation. Oxford: Hart Publishing, 2012. pp. 131-134 e 151-154.

que os indivíduos necessitam; já o terceiro nível tem relação com a total realização do direito à água, que deve ocorrer de forma contínua e progressiva, de acordo com as possibilidades materiais e com os recursos naturais dos quais os Estados dispõem; por fim, o quarto e último nível não enseja a proteção do direito à água, o qual não se presta a garantir o uso de quantidades excessivas ou ilimitadas desse escasso recurso para usos que não se relacionam diretamente com a efetivação dos direitos humanos.

Essa última ressalva é importante para reforçar a necessidade de preservação da água e de mudança nos padrões excessivos de consumo constatados principalmente em países ocidentais, com utilização *non stop* de água para regar jardins, encher piscinas e banheiras, lavar carros e calçadas.

Quanto à sua *qualidade*, a água deve ser segura, isto é, livre de micro-organismos, agentes químicos ou radiológicos que possam constituir perigo à saúde a curto e longo prazo. Padrões de qualidade locais, regionais, nacionais ou internacionais[53] diversos podem ser utilizados nesse contexto, mas o importante é que a qualidade da água seja levada em consideração pelos provedores.

Além das exigências quanto à qualidade da água, enquadra-se nesse critério o saneamento seguro. Especialmente nos locais onde os sanitários são públicos, eles devem estar disponíveis a qualquer momento e devem apresentar condições mínimas de higiene. A segurança física dos indivíduos também é uma preocupação que se insere nas discussões sobre o direito

---

[53] O Comentário Geral n. 15 cita como padrão "As Diretivas sobre a qualidade da água potável" da OMS de 1993. Parágrafo 12 (a) do Comentário Geral n. 15 do Comitê dos Direitos Econômicos, Sociais e Culturais das Nações Unidas, "O direito à água (arts. 11 e 12 do Pacto Internacional sobre Direitos Econômicos, Sociais e Culturais)" (E/C.12/2002/11, 20 jan. 2003).

à água, especialmente quando se considera que, em algumas partes do mundo, especialmente as mulheres e as crianças correm perigo enquanto buscam realizar suas necessidades fisiológicas em lugares ermos e distantes de sua residência.

Ainda, a água tem que ser aceitável, isto é, deve ter cor, sabor e odor aceitáveis, da mesma forma que o saneamento também deve ser aceitável e se basear ao mesmo tempo em critérios de não exclusão de grupos vulneráveis e de dignidade, estabelecendo a divisão, por exemplo, no caso de banheiros públicos, entre sanitários femininos e masculinos.

O Comentário Geral n. 15 também ressalta a *acessibilidade* como um dos critérios fundamentais para a realização do direito à água. É possível enxergar quatro aspectos diferentes quanto à acessibilidade.

Em primeiro lugar, a água deve ser fisicamente acessível, o que significa, segundo os parâmetros da OMS, que a fonte de água não deve ficar a uma distância maior do que 1.000 (mil) metros da residência dos indivíduos. De fato, constata-se que, além do esforço e do tempo perdidos, especialmente por mulheres, na busca por água, quanto maior a distância a ser percorrida, maior a probabilidade de contaminação e de disseminação de doenças. O acesso seguro aos serviços ligados à água também deve ser garantido em escolas, hospitais e outros locais públicos. Além disso, há de se considerar as necessidades particulares das pessoas com deficiência no que concerne à acessibilidade física à água.

Em segundo lugar, a água deve ser economicamente acessível, ou seja, as instalações e os custos de água e saneamento devem ser tarifados de forma razoável. Ainda não se definiu categoricamente o que caracteriza o preço razoável, mas o Programa das Nações Unidas para o Desenvolvimento

(PNUD) já sugeriu que a quantidade necessária para realização do direito à água não deve ultrapassar a marca dos 3% (três por cento) da receita da família.[54] A maioria dos doutrinadores e especialistas consideram razoável que as famílias gastem entre 3% e 5% da sua receita com os serviços de água.[55] O exemplo da Bolívia, anteriormente citado,[56] é paradigmático ao demonstrar como o aumento excessivo nas tarifas de água pode ser prejudicial especialmente para as camadas mais pobres da população, dificultando o acesso à água e até mesmo a realização de outros direitos humanos.

O Comitê Econômico já abordou a questão dos cortes no fornecimento de água por motivos de não pagamento, definindo uma série de critérios ligados ao devido processo legal que devem ser verificados antes do desligamento do fornecimento de água, e afirmando que em nenhuma circunstância a incapacidade de um indivíduo de pagar pela água deve ser um obstáculo para seu acesso ao mínimo essencial de água.[57]

Nessa linha, o Comitê Econômico rebate a opinião de alguns críticos que entendem que o provimento gratuito de serviços básicos à população legitima as ocupações informais, ao afirmar que "a natureza da moradia não deve influenciar o

---

[54] O direito à água. Fact sheet n. 35 – Nações Unidas, Gabinete do Alto Comissário para os Direitos Humanos (ACNUDH), Programa das Nações Unidas para os Assentamentos Humanos (ONU-Habitat), Organização Mundial da Saúde (OMS), p. 11. Disponível em: <http://www.ohchr.org/Documents/Publications/FactSheet35en.pdf>. Acesso em: 20/3/2012.

[55] WINKLER, Inga T., op. cit., p. 137.

[56] Cf. "A evolução do direito à água", supra, pp. 66-69.

[57] Parágrafo 56 do Comentário Geral n. 15 do Comitê dos Direitos Econômicos, Sociais e Culturais das Nações Unidas, "O direito à água (arts. 11 e 12 do Pacto Internacional sobre Direitos Econômicos, Sociais e Culturais)" (E/C.12/2002/11, 20 jan. 2003).

acesso à água",[58] especialmente se levarmos em consideração que as habitações informais abrigam uma parcela considerável da população mundial.

O Comitê Econômico deixa a critério dos Estados a maneira pela qual procurarão tornar a água acessível, bem como quais políticas de preço e de possível gratuidade serão implementadas, mas defende que a água deve ter custos acessíveis. Sustenta que o uso de métodos que ensejem custo elevado deve ser evitado para que o acesso à água não seja privilégio de poucos.

Assim como demonstrado anteriormente, essa discussão sobre o provimento gratuito da quantidade mínima essencial de água para os indivíduos que vivem na pobreza extrema é especialmente forte no contexto sul-africano. A África do Sul distribui gratuitamente o equivalente a 25 litros de água por dia para os que necessitam, aplicando a política da progressividade nas tarifas conforme o aumento no consumo de água, o que permite que os custos com a distribuição gratuita sejam cobertos.[59]

Em terceiro lugar, o acesso à água e ao saneamento deve se dar de uma forma não discriminatória. Assim, distinções fundadas na condição social, na origem étnica ou na religião configuram violação ao direito à água. Além da discriminação proposital por parte do Estado, proíbe-se a discriminação que ocorre sem intenção e em decorrência da falta da devida atenção por parte do poder público aos grupos marginalizados ou vulneráveis. Assim, pode-se dizer que o Estado tem a

---

[58] Parágrafo 16 (c), 20 do Comentário Geral n. 15 do Comitê dos Direitos Econômicos, Sociais e Culturais das Nações Unidas, "O direito à água (arts. 11 e 12 do Pacto Internacional sobre Direitos Econômicos, Sociais e Culturais)" (E/C.12/2002/11, 20 jan. 2003).

[59] Cf. "Modelos nacionais", supra, pp. 117-129.

obrigação de não agir de forma discriminatória (discriminação *de jure*), ao mesmo tempo que deve empenhar-se em corrigir a desigualdade sistêmica no acesso à água que já existe na sociedade (discriminação *de facto*).

O Comentário Geral n. 15 confirma a ideia de que se deve direcionar atenção especialmente às camadas marginalizadas e vulneráveis da população – entre elas os habitantes de zonas rurais isoladas e das favelas, os refugiados e as pessoas privadas de liberdade –, que encontram dificuldade ou que estejam impedidas de realizar o seu direito à água de *motu proprio*. É nesse contexto que se encaixam decisões condenando os cortes realizados por Estados europeus que coibiram o acesso à água por comunidades ciganas;[60] da mesma forma, Israel foi condenada por privar a população palestina do acesso à quantidade mínima de água;[61] e, na África do Sul, há decisões condenando os cortes e a política de distribuição pré-paga de água somente nos bairros periféricos.[62]

Em quarto e último lugar, ressalta-se a importância da acessibilidade de informação para que a população possa pesquisar, receber e responder a questões relativas à água, dialogando com as autoridades públicas. Além de receber informação, os indivíduos têm direito de participar dos processos de discussão e decisão de políticas que possam impedir ou melhorar o acesso adequado à água e ao saneamento.[63] Esse

---

[60] CEDS. Case *European Roma Rights Center vs. Italy* (Collective Complaint n. 27/2004, decision on the merits of 7 December 2005).

[61] Concluding Observations of the Committee on Economic, Social and Cultural Rights: Israel. 23/5/2003. E/C.12/1/Add.90.

[62] High Court, Witwatersrand Local Division: Case *Lindiwe Mazibuko and Others vs. The City of Johannesburg and Others*, 30 April 2008.

[63] Parágrafo 48 do artigo 20 do Comentário Geral n. 15 do Comitê dos Direitos Econômicos, Sociais e Culturais das Nações Unidas, "O direito à água (arts. 11 e 12 do Pacto Internacional sobre Direitos Econômicos, Sociais e Culturais)" (E/C.12/2002/11, 20 jan. 2003).

aspecto instrumental do direito à água é um importante fator destinado a mitigar a discriminação estrutural contra grupos marginalizados, vulneráveis ou especialmente dependentes dos recursos hídricos para sua sobrevivência, como os grupos indígenas e as populações ribeirinhas.

Portanto, em apertada síntese, pode-se afirmar que o direito à água consiste no direito de cada indivíduo de se beneficiar de serviços relacionados à água e ao saneamento de forma acessível e não discriminatória para satisfazer às suas necessidades pessoais e domésticas. Na prática, o direito à água decompõe-se nos seguintes direitos e liberdades: (i) direito de se beneficiar dos serviços de água e saneamento de forma acessível; (ii) direito de se conectar aos sistemas públicos existentes de distribuição de água e coleta de saneamento; (iii) liberdade de coleta da água dos cursos naturais e das chuvas para satisfazer as necessidades pessoais e domésticas; (iv) prioridade para as necessidades pessoais e domésticas sobre os outros usos – indústria, agricultura, turismo; (v) direito à informação, à consulta e à participação nas decisões e na gestão da água; (vi) direito a uma quantidade mínima de água para garantir a sobrevivência.[64]

Caso sejam privados desses direitos, aos indivíduos e grupos de indivíduos deve-se garantir a possibilidade de reclamar judicialmente a proteção do direito à água. Nesse tocante, o Comentário Geral n. 15 dispõe que as vítimas de violações ao direito à água devem beneficiar-se de reparação de natureza indenizatória, além da adoção de medidas efetivas para

---

[64] SMETS, Henri. Rights and duties associated with the right to water. In: FISCHER-LESCANO, A. et al (eds.) *Frieden und Freiheit*, Festschrift für Michael Bothe zum 70. Geburtstag. Baden-Baden: Nomos, 2008. pp. 714-715.

interromper a violação, garantir o acesso ou ainda evitar que a violação se repita.[65]

Implicações do direito à água

Com vistas a analisar as implicações do direito à água, serão abordadas a seguir algumas questões relativas à alocação de água entre as diversas atividades, à validade prática do reconhecimento do direito à água e ao incentivo às formas de participação social a ele relacionadas.

Para a alocação da água

O direito à água influencia de maneira decisiva a destinação da água para as diversas atividades que dependem desse recurso, pois a consagração desse direito humano tem como premissa básica a priorização da alocação da água para satisfazer as necessidades pessoais e domésticas. Essa é, inclusive, uma das vantagens enxergadas pelos especialistas e ativistas que defendem a declaração cada vez mais concreta do direito à água: não obstante os Estados terem liberdade para decidir sobre a destinação de seus recursos, a partir do momento em que se comprometem a respeitar e efetivar o direito à água, eles se veem obrigados a respeitar as prioridades.

As consequências dessa afirmação sobre a prioridade atribuída aos usos pessoais e domésticos diante dos outros diversos usos da água devem ser melhor esclarecidas a fim de se evitar uma defesa enviesada do direito à água, sem levar em consideração a importância desse recurso natural para tantas

---

[65] Parágrafo 55 do artigo 20 do Comentário Geral n. 15 do Comitê dos Direitos Econômicos, Sociais e Culturais das Nações Unidas, "O direito à água (arts. 11 e 12 do Pacto Internacional sobre Direitos Econômicos, Sociais e Culturais)" (E/C.12/2002/11, 20 jan. 2003).

outras atividades que também são essenciais para a realização de outros direitos humanos.

Preliminarmente, diversos documentos jurídicos e ensaios doutrinários, ao tratarem das prioridades na alocação da água, utilizam os termos "consumo humano", "usos pessoais e domésticos" e "satisfação das necessidades humanas" como se sinônimos fossem. Contudo, esses termos referem-se a quantidades diversas de água: o "consumo humano" significa a água que consumimos de forma imediata; a expressão "usos pessoais e domésticos" guarda relação com atividades básicas que, para além do consumo imediato, as pessoas realizam para manter a higiene pessoal e da casa; e, por fim, "satisfação das necessidades humanas" pode invocar outros usos da água que não exclusivamente aqueles relacionados aos usos básicos domésticos e pessoais, entre eles a água para a irrigação.[66]

Por não dedicar a devida atenção a essa diferenciação, esses documentos não são precisos em estabelecer prioridades aos usos relacionados ao direito à água e, diante disso, as definições quanto à alocação da água são provenientes da prática daqueles que trabalham no setor e da doutrina que, baseada nas experiências reais, debruça-se sobre o tema.

De fato, parece impraticável estabelecer de uma forma abstrata as prioridades entre todos os possíveis usos da água que guardam relação com os direitos humanos e, por isso, as soluções parecem ser mais facilmente encontradas na prática. No entanto, é possível desenhar em linhas gerais um esquema de priorização que tome por base os diferentes níveis de realização tanto do direito à água como dos outros direitos humanos que se utilizam desse recurso.

---

[66] WINKLER, Inga T., op. cit., p. 149.

Nesse ponto, mais uma vez, a proposição elaborada por Winkler, anteriormente explicitada,[67] nos serve de parâmetro no que diz respeito à existência de quatro níveis de realização dos direitos humanos: (i) o nível de sobrevivência; (ii) o nível fundamental estabelecido nas obrigações centrais (*core obligations*); (iii) o nível de realização completa do direito humano em questão; (iv) o nível superior ao garantido pelo direito humano em questão.[68] Nesse contexto, a alocação da água para usos que se enquadrem nos dois primeiros níveis de realização dos direitos humanos deve ser priorizada quando entrar em conflito com os usos que se incluam nos últimos dois níveis. Isso porque as obrigações presentes nesses dois primeiros níveis fazem parte das obrigações centrais (*core obligations*) previstas nos documentos interpretativos.

Por exemplo, no caso do uso da água para satisfação do direito à alimentação, é essencial que se dê prioridade para a alocação de água necessária para erradicar a fome, pois essa é uma obrigação central do direito à alimentação.[69] Dessa forma, o uso da água para prevenir a fome, por se inserir no primeiro nível da realização do direito à alimentação, tem prioridade até mesmo sobre o uso da água para satisfazer outras necessidades pessoais e domésticas que não as listadas como obrigações centrais (*core obligations*), tendo em vista a inserção desse último no terceiro nível de realização do direito à água.

Não nos cabe tratar aqui de todos os possíveis conflitos pelo uso da água, até mesmo porque, assim como já afirmamos, as

---

[67] Cf. "O fornecimento adequado de água", supra, pp. 142-150.

[68] WINKLER, Inga T., op. cit., pp. 131-134 e 151-154.

[69] General Comment On The Right To Adequate Food (Art.11), Committee On Economic, Social And Cultural Rights (E/C.12/1999/5, 12 May 1999), §36.

soluções são geralmente mais adequadas quando decorrem da análise dos casos concretos. Contudo, mostra-se importante ressaltar a necessidade, quando da solução desses conflitos, de levar em consideração a existência de métodos alternativos à utilização da água que sejam viáveis para a realização dos direitos humanos.

Um exemplo disso é a utilização de métodos diversos de saneamento já especificados anteriormente que não demandem a utilização de água,[70] especialmente em áreas afastadas ou de difícil acesso. Nos casos em que há alternativas à utilização da água para a realização de uma atividade, deve-se dar prioridade às atividades que não dispõem de alternativas e apenas podem ser efetivadas com o uso da água, entre elas o consumo humano e a higienização pessoal e doméstica.

Ainda no tocante aos conflitos entre diversos usos da água, é importante que se atribua prioridade às atividades que sejam menos consumidoras de água, garantindo a longo prazo a satisfação das necessidades humanas mais básicas, especialmente em locais que já enfrentam situações de estresse hídrico. Esse é um critério a ser utilizado, por exemplo, quando houver conflito por água entre atividades industriais – como a produção de roupas, que consome água em excesso – e a agricultura de subsistência – praticada de forma mais rudimentar e que consome água em menores quantidades.

Esses são alguns dos critérios que podem ser adotados pelos Estados na elaboração e na execução de políticas de destinação dos recursos hídricos, com vistas a considerar as preocupações com as necessidades humanas. Embora não sejam hierarquicamente imutáveis, mas sim adaptáveis a situações

---

[70] Cf. "Os destinatários do direito à água", supra, pp. 136-142.

e condições diversas, a execução dessas e de outras diretrizes pode melhorar de forma considerável o acesso e a preservação da água.

Por fim, não se nega que alguns países poderão encontrar dificuldades em realizar até mesmo as obrigações centrais (*core obligations*) de diferentes direitos humanos, tendo em vista a insuficiência de recursos e de estrutura de gestão para cumpri-las de forma adequada. Nesse sentido, segundo Stephen McCaffrey,[71] o seguinte embate poderia surgir: ao mesmo tempo que essas obrigações centrais dificilmente seriam realizadas por alguns países que não possuem condições suficientes de gestão hídrica e sofrem com a escassez de água, o Comentário Geral n. 15 defende que tais fatores não poderão ser utilizados para justificar o inadimplemento.

Parece-nos que esse é o motivo pelo qual parâmetros rígidos de alocação desse recurso não foram preestabelecidos nem mesmo pelo Comentário Geral n. 15, que deixou à discricionariedade dos Estados a definição de padrões de alocação da água que levem em conta seus recursos materiais.

Para além da alocação e do fornecimento de uma quantidade mínima essencial de água aos indivíduos, fazem parte das obrigações centrais estabelecidas pelo Comentário Geral n. 15: a obrigação de assegurar o acesso físico a instalações de água ou serviços que forneçam água suficiente, segura e regular; a existência de um número suficiente de pontos de distribuição, de forma a evitar períodos longos de espera; e a distância razoável dos pontos de distribuição com relação aos domicílios.

---

[71] McCAFFREY, Stephen. A Human Right to Water: Domestic and International Implications. 5 *Georgetown International Environmental Law Review* 1, 1992, p. 4.

Todas essas obrigações demandam esforço intenso por parte dos Estados nos campos material e institucional e, em função disso, dificilmente podem ser realizadas de forma completa em um curto espaço de tempo. Por isso, sustenta-se que a evolução das melhorias no acesso à água deve ser acompanhada a partir de dados concretos, mesmo que o desenvolvimento estrutural dos meios para o alcance das metas venha ocorrer paulatinamente ou no longo prazo.[72]

Por isso, o que se espera com a declaração do direito humano à água é que os Estados: (i) tomem como ponto de partida para suas políticas relacionadas à água a satisfação das mais básicas necessidades pessoais e domésticas, em especial das obrigações centrais (*core obligations*); (ii) trabalhem no máximo de sua capacidade e de seus recursos disponíveis (progressividade); e (iii) não sejam autorizados a retroceder na realização desse direito (efeito *cliquet*).

Validade prática

Apesar dos grandes esforços para que o direito à água seja efetivamente considerado um direito humano, há muitas críticas e dúvidas quanto às consequências de tal declaração, as quais não podem deixar de ser comentadas.

Inicialmente, contesta-se a validade prática de se declarar um direito humano à água, uma vez que outros direitos humanos foram expressamente declarados, gozando de reconhecimento normativo e teórico, mas ainda carecem de efetivação na prática.

Normalmente, o exemplo utilizado é o da consagração internacional do direito à alimentação, a qual, apesar de ter

---

[72] GLEICK, Peter. *The human right to water*. California: Pacific Institute for Studies in Development, Environment, and Security, 1999. p. 9.

ocorrido nos anos 1960, jamais impediu que uma parcela importante da população mundial sofresse com a fome. Atualmente, 793 milhões de pessoas – aproximadamente 10% da população mundial – não têm acesso à alimentação suficiente nem mesmo para manter suas atividades vitais de forma saudável.[73]

Mesmo assim, é importante esclarecer que a cada ano um progresso considerável pode ser visto na concretização do direito à alimentação. Segundo a Organização das Nações Unidas para a Alimentação e a Agricultura (FAO), entre 1990 e 1992, mais de 1 bilhão de pessoas encontravam-se em estado de subalimentação, mas desde aquele período o número de indivíduos tocados pela fome vem diminuindo a cada ano, ao mesmo tempo que a população mundial cresce de forma acelerada, o que comprova a existência de um progresso considerável na luta contra a fome no mundo. Essa diminuição não é desconectada da construção e da publicidade do direito à alimentação em âmbito nacional e internacional.

Assim, em resposta à contestação quanto à validade prática do reconhecimento do direito à água como um direito humano, entendemos que essa consagração, ainda que no campo formal, incentiva a comunidade internacional, em especial os Estados, a prover os elementos essenciais para que os indivíduos possam satisfazer ao menos suas necessidades hídricas básicas. Isso pode decorrer da pressão para que o direito à água seja traduzido como um direito interno ensejador de obrigações e responsabilidades, ou mesmo para que o direito à água, já consagrado internacionalmente – mesmo

---

[73] FAO. Hunger Map 2015 Millennium Development Goal 1 and World Food Summit Hunger Targets. Disponível em: <http://www.fao.org/3/a-i4674e.pdf>. Acesso em: 10/12/2015.

que de forma um tanto incompleta e fragmentada –, possa servir de fundamento para demandas judiciais e sociais pelo acesso equitativo e adequado à água. Esse fenômeno já vem ocorrendo em diversos ordenamentos internos, assim como se depreende da análise sobre os modelos nacionais de consagração do direito à água.[74]

Por fim, acredita-se que a maior publicidade do direito à água trará luz aos problemas estruturais e de acesso aos sistemas hídricos de diversas partes do mundo, bem como afirmará, de uma vez por todas, a prioridade à satisfação das necessidades humanas quando da ocorrência de conflitos entre os diversos usos da água, especialmente em bacias e rios compartilhados, aspecto que já vem sendo categoricamente afirmado nos documentos de Direito Internacional do Meio Ambiente, de Direito Internacional da Água e na normativa interna de diversos Estados.[75]

Fortalecimento da democracia e da participação social

O direito à água possui dois diferentes aspectos que se complementam: o aspecto objetivo – a melhora e a igualdade no acesso à água adequada para satisfação das necessidades pessoais –, e o aspecto procedimental – composto por uma série de instrumentos de participação e de responsabilização. Há de se enfatizar a importância desses instrumentos para o reforço da democracia e para o ideal de investir os indivíduos marginalizados ou vulneráveis das ferramentas necessárias para a mudança política e social.

Nesse sentido, a doutrina e o Comentário Geral n. 15 do Comitê Econômico referem-se a instrumentos de participação

---

[74] Cf. "Modelos nacionais", supra, pp. 117-129.

[75] GLEICK, Peter., op. cit., pp. 3-4.

popular na elaboração de estratégias nacionais ou locais de gestão da água e, especialmente, nas discussões sobre as políticas hídricas e outras medidas que possam ensejar mudanças no gozo do direito à água de uma determinada população.[76] A possibilidade de encaminhar queixas e de demandar informações quanto à adequação dos serviços relacionados à água também se insere no aspecto instrumental do direito à água e não pode ser negligenciada.

Em diversos Estados, especialmente no contexto latino--americano, a participação popular na gestão dos serviços de água e saneamento já é uma realidade e enseja benefícios interessantes tanto para os usuários quanto para a própria administração dos serviços. O Equador é um exemplo de país que consagrou expressamente o direito das pessoas e das comunidades de participar da elaboração, execução e controle das políticas e dos serviços públicos garantidos pela Constituição, nos quais se incluem os serviços relacionados à água.[77] Da mesma forma, e de maneira ainda mais específica, a Bolívia garantiu expressamente em sua Constituição a participação popular na gestão dos recursos hídricos, reforçando o papel das cooperativas nessa área, bem como da participação direta

---

[76] Parágrafo 48: "The formulation and implementation of national water strategies and plans of action should respect, *inter alia*, the principles of non-discrimination and people's participation. The right of individuals and groups to participate in decision-making processes that may affect their exercise of the right to water must be an integral part of any policy, program or strategy concerning water. Individuals and groups should be given full and equal access to information concerning water, water services and the environment, held by public authorities or third parties". Comentário Geral n. 15 do Comitê dos Direitos Econômicos, Sociais e Culturais das Nações Unidas, "O direito à água (arts. 11 e 12 do Pacto Internacional sobre Direitos Econômicos, Sociais e Culturais)" (E/C.12/2002/11, 20 jan. 2003).

[77] Art. 85 da Constituição do Equador.

dos usuários nos processos de tomada de decisão dos órgãos de administração do setor.[78]

Primeiramente, a participação direta dos interessados na gestão da água garante que os serviços sejam mais adequados às necessidades da população, por possibilitar melhor compreensão dos problemas enfrentados, seja no que concerne à realidade do acesso aos serviços, seja no tocante às necessidades hídricas ainda não supridas da população.

Em segundo lugar, e sob uma perspectiva estrutural, essa forma de participação popular na gestão dos recursos hídricos reforça o ideal de democracia participativa por meio da atuação dos cidadãos na função administrativa, na tentativa de melhorar o acesso aos serviços básicos.

De fato, a participação dos cidadãos na gestão dos serviços essenciais segue a tendência que critica a democracia representativa por sua excessiva burocratização e pela distância entre os centros de decisão e os beneficiários dos serviços públicos, o que geralmente dificulta a compreensão adequada dos processos sociais de construção e de gestão dos interesses públicos.[79]

Ainda na esteira da democracia participativa, a intensificação da participação popular empodera os indivíduos mais afetados pela falta de acesso aos serviços ligados à água e ao saneamento – marginalizados e vulneráveis –, os quais passam

---

[78] LIMA, Luana Pontes de. A questão da legitimidade democrática de políticas públicas e serviços de água e saneamento: contribuições do novo constitucionalismo latino-americano. In: MORAES, Germana de Oliveira; MARQUES JÚNIOR, William Paiva; MELO, Álisson José Maia (orgs.). *As águas da UNASUL na RIO + 20*. Direito fundamental à água e ao saneamento básico, sustentabilidade, integração da América do Sul, novo constitucionalismo latino-americano e sistema brasileiro. Curitiba: CRV, 2013. pp. 222- 223.

[79] Ibid., pp. 213- 216.

a reclamar mudanças estruturais e a exercer de forma mais concreta os seus direitos como cidadãos.

Em terceiro e último lugar, a consagração do direito à água tem influência sobre o discurso pelo acesso adequado e equitativo à água de qualidade. Assim, as ações no sentido de suprir as necessidades hídricas e estruturais daqueles que necessitam, anteriormente tratadas como caridade e vinculadas à discricionariedade do poder público, passam a ser traduzidas para uma linguagem jurídica, transformando-se em direitos e obrigações, os quais vinculam definitivamente o Estado. Dessa forma, o direito humano à água devidamente consagrado acrescenta elementos de obrigatoriedade e juridicidade à luta pelo acesso à água, transformando intenções ativistas e caridosas em interesses a serem legitimados por políticas públicas oficiais.

Em suma, a aplicação de instrumentos democráticos à gestão da água também é uma obrigação que decorre do direito à água e ao saneamento, do que se infere que qualquer defesa desse direito que não leve em consideração critérios de participação popular será incompleta.

Com efeito, a utilização desses instrumentos democráticos é essencial para que os problemas estruturais da desigualdade no acesso aos serviços básicos sejam trabalhados sob bases reais. Assim, os indivíduos desfavorecidos no que diz respeito ao acesso à água poderão ter voz e reclamar seus direitos, ao mesmo tempo que estarão reforçando a democracia participativa e a realização de outros direitos humanos.

Capítulo 3

Existência e natureza jurídica

A preocupação com o acesso à água e sua conservação enquanto objeto a ser tutelado já havia sido enunciada pelos documentos do Direito Internacional do Meio Ambiente e do Direito Internacional da Água. Entretanto, a excessiva fluidez dos primeiros – classificados em sua maioria como *soft law* – e o caráter bilateral e setorial dos últimos não permitiam uma afirmação contundente quanto à existência de um direito subjetivo à água que resultasse em obrigações por parte dos Estados e de outros sujeitos de direito.

Foi apenas a partir dos anos 2000 que essa situação começou a mudar. A afirmação normativa, jurisprudencial e doutrinária do direito à água no campo do Direito Internacional dos Direitos Humanos trouxe uma dinâmica de oficialidade e obrigatoriedade a esse direito, o qual, apesar de representar uma novidade no campo formal, já vinha sendo construído materialmente desde os anos 1970. Da mesma forma, a positivação do direito à água e a sua tutela jurisprudencial nos ordenamentos jurídicos nacionais contribuíram fortemente para a afirmação desse direito, bem como para as discussões relativas aos direitos, liberdades e obrigações dele decorrentes.

Não se sabe ao certo se o fenômeno da constitucionalização do direito à água, que se fortalece a cada dia, especialmente entre países africanos e sul-americanos, teria sido influenciado pela mobilização internacional a favor da "justiça da água", liderada por ONGs e especialistas no assunto, ou se, inversamente, a afirmação internacional do direito à água teria ocorrido em decorrência da sua consagração pela normativa interna desses Estados.[1] O que se mostra essencial é a percepção de que, tanto no âmbito internacional quanto no âmbito interno, a consagração do direito à água é uma tendência normativa evidente.

A análise da evolução do direito à água empreendida nos capítulos anteriores permite-nos constatar a existência do direito à água no Direito Internacional. Entendemos, pois, que o direito à água existe como um direito individual a ser levado em consideração pelos Estados. Contudo, essa construção do direito à água está longe de ser completa e coesa, carecendo ainda de elaborações mais contundentes e detalhadas no sentido de tornar sua existência definitivamente incontestável, assim como demonstraremos a seguir.

O reconhecimento explícito e implícito

A afirmação do direito à água pode se dar de forma implícita ou explícita. No primeiro caso, os órgãos judiciais (cortes internacionais) e quase judiciais (comitês) investidos nas funções interpretativa e de monitoramento das convenções de direitos humanos passam a extrair um direito à água de outros direitos humanos expressamente afirmados, fazendo uso de sua competência para interpretá-los extensivamente. O uso dessa interpretação evolutiva se explica pela tendência

---

[1] WOLKMER, Maria de Fátima S.; PETTERS MELO, Milena. O direito fundamental à água: convergências no plano internacional e constitucional. In: BRAVO, Álvaro Sánchez (org.). *Agua & Derechos Humanos*. Sevilla: ArCiBel Editores, 2012. p. 17.

firmada na própria jurisprudência internacional de que os documentos de direitos humanos devem ser interpretados de acordo com as evoluções e com as novas preocupações da sociedade, pois somente assim é possível realizar os objetivos centrais desses documentos, quais sejam, a proteção da pessoa humana e o alcance de uma vida digna.

O esforço interpretativo desses órgãos é de grande valor para o estudo do direito à água, pois permite a análise de demandas, bem como a elaboração de relatórios relativos ao estado de implementação do direito à água, os quais geralmente dão ensejo a decisões e recomendações a serem levadas em consideração pelos Estados.

Nesse contexto de afirmação implícita do direito à água, ressalta-se a atuação da Corte Interamericana, especialmente nos casos em que se discute a proteção do acesso à água às comunidades indígenas e às pessoas privadas de liberdade, os chamados grupos vulneráveis; destaca-se também o papel da Corte Europeia, notadamente em demandas que versam sobre as consequências para a saúde humana decorrentes dos prejuízos ambientais; finalmente, menciona-se a atuação da Comissão Africana especialmente no que tange à preocupação com a discriminação no acesso aos serviços ligados à água pelos grupos minoritários ou marginalizados.

Essa jurisprudência regional já toma corpo e abre precedentes para que novas demandas judiciais relativas ao direito à água sejam examinadas com fundamento em direitos humanos como o direito à vida, à saúde, à moradia, ao meio ambiente, além da proibição aos tratamentos desumanos. Tendo em vista a falta de previsão expressa do direito à água nas convenções-base, o ativismo das cortes e dos órgãos de interpretação e implementação mostra-se essencial para lidar com os problemas relativos ao acesso à água e ao saneamento já existentes, representando, assim, uma importante evolução no campo dos direitos humanos.

Vale lembrar, no entanto, que a construção jurídica que fundamenta o direito à água na proteção de outros direitos humanos fornece uma proteção incerta e incompleta para as vítimas da falta de acesso à água e ao saneamento adequados. Isso porque o andamento das demandas pelo direito à água com base em outros direitos humanos fica vinculado à discricionariedade e à sensibilidade do órgão julgador, o que não fornece bases seguras para estratégias internacionais de litígio e não garante sequer a admissibilidade da demanda.

Além disso, essa proteção por *ricochet* não contempla todos os direitos e obrigações decorrentes do direito à água, já consagrados pela normativa internacional e pela doutrina especializada e que foram objeto de análises detalhadas nesta obra.[2] Nesse tocante, vale relembrar o exemplo da Corte Europeia, que passou a aceitar demandas relacionadas ao direito à água com base no direito ao meio ambiente sadio e, por esse motivo, restringe sua análise basicamente à qualidade ambiental da água e a medidas relacionadas à prevenção de doenças, sem considerar adequadamente outras necessidades humanas relativas a esse recurso essencial, entre elas a quantidade, a proximidade e a acessibilidade ao recurso.[3]

Ademais, parte da doutrina contesta a competência dos órgãos das organizações internacionais e das cortes de direitos humanos para incluir novos direitos, entre eles o direito à água, na proteção indireta de outros direitos humanos. Assim,

---

[2] Cf. "Características do direito à água", supra, pp. 129-150.

[3] CUQ, Marie. *L'eau en droit international*: convergences et divergences dans les approches juridiques. Bruxelles: Larcier, 2013. pp. 59-60.

a afirmação expressa do direito à água aparece como solução não somente a essa contestação doutrinária, mas também às diferenças no tratamento de demandas judiciais similares sujeitas a jurisdições diversas. Além disso, a afirmação expressa do direito à água também forneceria elementos para combater a juridicização incompleta do direito à água em termos de direitos e obrigações, tornando oficial seu reconhecimento e a busca por sua efetivação.

Assim, como demonstrado anteriormente,[4] já existem documentos jurídicos vinculantes tanto de cunho universal como regional que consagram expressamente o direito à água.

No âmbito universal ainda são poucas as convenções que inscreveram o direito à água em seus textos, embora a recente atribuição da competência para analisar demandas individuais aos comitês responsáveis pela implementação dessas convenções tenha sido celebrada pelos defensores da judicialização do direito à água. Além disso, esses comitês podem analisar relatórios periódicos enviados pelos Estados, elaborando recomendações que versem sobre o direito à água, assim como já ocorre com o Comitê CDC, responsável pela interpretação e implementação da Convenção sobre os Direitos das Crianças de 1989. Aguarda-se, portanto, que o corpo de observações finais e decisões desses órgãos possa crescer e colaborar ainda mais para a construção e para a implementação do direito à água no âmbito universal.

No âmbito regional, destaca-se a maior importância dada à consagração expressa do direito à água no contexto africano, onde já está em funcionamento o sistema de monitoramento por relatórios e de exame de demandas judiciais

---

4 Cf. "O direito à água explícito", supra, pp. 91-110.

com base na Carta Africana sobre os Direitos e Bem-estar da Criança de 1990 (ACERWC).

Contudo, tanto as convenções universais quanto regionais apresentam uma característica comum: são limitadas quanto à sua aplicação *ratione personae*, reconhecendo a proteção do direito à água exclusivamente aos indivíduos que integram grupos especificamente protegidos, tais como mulheres habitantes do meio rural, crianças ou deficientes. Essa proteção parcial do direito à água em benefício apenas de alguns cidadãos não nos parece suficiente para tutelar todas as potenciais vítimas da falta de acesso a esses serviços básicos.

Nessa linha, alguns documentos jurídicos não vinculantes já afirmaram o direito à água para todos, a exemplo do Comentário Geral n. 15. Assim como já ponderado, a maioria desses documentos é proveniente da *soft law* e, apesar de demonstrarem claramente um consenso quanto à intenção da comunidade internacional em lidar com os problemas de acesso à água e ao saneamento, eles oferecem uma proteção tímida e ineficaz ao direito à água, por não resultarem em compromissos juridicamente vinculantes e não contarem com mecanismos de verificação quanto à implementação desse direito.

Apesar disso, esses diversos documentos da *soft law* serviram para dar visibilidade e inscrever o direito à água na pauta das discussões internacionais.

Paralelamente, algumas resoluções sob os auspícios dos órgãos da ONU conferem um peso político especial ao estudo sobre o direito à água. A Resolução 64/292 de 2010 da Assembleia Geral da ONU, que reconhece a existência do direito à água, demonstrou a vontade da maioria dos Estados de declarar formalmente a existência do direito humano à água e ao saneamento. Na votação da referida *resolução*, computaram-se 122 votos a favor, nenhum voto contrário e 41 abstenções. A Resolução 15/9 de 2010 do Conselho de Direitos Humanos, outro marco na evolução do direito à água, foi adotada por consenso entre todos os Estados. Posteriormente, essas resoluções foram confirmadas por outros documentos, em especial pelas Resoluções 16/2 de 2011 e 27/7 de 2014 do Conselho de Direitos Humanos.

Argumenta-se que a soma dessas resoluções, do Comentário Geral n. 15, das diversas situações em que o direito à água foi inscrito expressamente no ordenamento jurídico interno dos Estados e das declarações decorrentes de conferências internacionais seria suficiente para configurar um direito à água consagrado pelo costume internacional.

Entretanto, a despeito da forte tendência normativa, jurisprudencial e doutrinária a se afirmar a existência do direito à água, há de se ponderar que a prática reiterada dos Estados ainda não pode ser observada de forma contundente e inconteste. Nesse sentido, no que tange ao Comentário Geral n. 15, é importante recordar que a sua elaboração não contou com a participação dos Estados, mas sim de especialistas independentes que agem de *motu proprio* sem que suas decisões representem o posicionamento oficial de seus Estados de origem; no que concerne às resoluções, em especial a Resolução 64/292 de 2010 da Assembleia Geral da ONU, documento que possui um peso político significativo, não se pode ignorar que foram contabilizadas 41 abstenções; e, no âmbito nacional, embora um número significativo de Estados já tenha procedido ao reconhecimento do direito à água, não se pode afirmar que todos ou que a grande maioria já o tenha feito. Essas são as dificuldades que impedem uma defesa contundente da existência de uma prática geral e consistente por parte dos Estados que embase um direito à água costumeiro.

Apesar de não configurar um direito costumeiro já estabelecido (*de lege lata*), as evoluções anteriormente citadas nos possibilitam afirmar que o direito à água é um direito costumeiro em formação (*in status nascendi*) e que, caso essa forte tendência à afirmação do direito à água por meio de declarações oficiais dos Estados continue, esse dispositivo constará não somente das normas escritas, mas também fará parte do costume internacional de forma concreta.[5]

A discussão sobre a inclusão ou não do direito à água nas fontes consuetudinárias não diminui a relevância dos documentos citados para o crescente reconhecimento desse direito essencial à vida. Ainda que não possam ser classificados concretamente como costume estabelecido, esses documentos da *soft law* representam a vontade da comunidade internacional de traduzir as preocupações com a falta de acesso à água e ao saneamento, que prejudicam uma parcela não negligenciável da humanidade, para uma linguagem de direitos humanos. Essas e outras iniciativas dos órgãos da ONU apontam para a direção incontroversa da consagração futura do direito à água em documentos de aplicabilidade obrigatória e que possam ser objeto de monitoramento.

O reconhecimento derivado e independente

Ainda no tocante à natureza jurídica, é importante observar que, mesmo que um documento jurídico prescreva expressamente o direito à água, não significa necessariamente que ele tenha sido previsto independentemente dos outros direitos humanos. Isso porque o acesso adequado e contínuo, assim como outros componentes do direito à

---

[5] WINKLER, Inga T. *The Human Right to Water*: Significance, Legal Status and Implications for Water Allocation. Oxford: Hart Publishing, 2012. pp. 65-99.

água, pode ser tratado como uma condição necessária para a realização de outros direitos humanos, entre eles o direito à vida, o direito a um nível adequado de vida ou o direito à saúde.

Assim, quanto à natureza do direito à água, cogitam-se duas possibilidades: (i) o direito à água subordinado (ou derivado) e necessário para a realização de outros direitos primários já reconhecidos pela comunidade jurídica internacional (direito à vida, direito à saúde etc.); (ii) o direito à água independente, que enseja direitos e obrigações próprios e que pode ser judicializado *per se*, sem que haja a necessidade de comprovar a violação de nenhum outro direito humano. Essa é uma discussão importante, pois dela depende a escolha entre buscar a criação de um novo direito ou simplesmente litigar por um direito à água com base em direitos humanos já consagrados. Além disso, dependendo dessa classificação, as obrigações dirigidas aos Estados podem ser diferentes.

Quando a previsão do direito à água ocorre de forma implícita, isto é, por meio da atuação de cortes e órgãos de implementação internacionais que interpretam extensivamente outros direitos humanos de forma a proteger o acesso e a preservação da água, fica claro que o direito à água se revela derivado de outros direitos humanos, tais como o direito à vida, o direito à vida privada e familiar, o direito à saúde e a proibição à tortura. Resta examinar se o mesmo se dá no caso da afirmação expressa do direito à água no texto de documentos jurídicos internacionais.

Até o presente momento, a maioria dos documentos jurídicos internacionais que preveem expressamente a existência do direito à água o fazem de modo a considerá-lo um direito humano derivado de outros direitos humanos e, ao mesmo tempo, necessário para a realização de outros direitos humanos. Essa extração derivada do direito à água pode ser observada da mera leitura dos dispositivos em questão.

No âmbito universal, tanto a Convenção sobre a Eliminação de Todas as Formas de Discriminação contra a Mulher (CEDAW)[6] como a Convenção sobre os Direitos das Pessoas com Deficiência de 2006[7] previram o direito à água e ao saneamento como uma das modalidades do direito às condições de vida adequada, ao mesmo tempo que a Convenção sobre os Direitos das Crianças de 1989 (CDC) previu o direito de acesso à água para a prevenção de doenças e de má nutrição infantis como decorrência direta do direito à saúde.[8]

O mesmo pode ser dito dos documentos regionais que consagram expressamente o direito à água. Exemplo disso é a Carta Africana sobre os Direitos e Bem-estar da Criança

---

[6] Art. 14. "2. Os Estados Partes adotarão todas as medidas apropriadas para eliminar a discriminação contra a mulher nas zonas rurais, a fim de assegurar, em condições de igualdade entre homens e mulheres, que elas participem no desenvolvimento rural e dele se beneficiem, e em particular assegurar-lhes-ão o direito a: (...) h) *gozar de condições de vida adequadas, particularmente nas esferas da habitação, dos serviços sanitários, da eletricidade* e *do abastecimento de água, do transporte e das comunicações*" (grifo nosso). Convenção sobre a Eliminação de Todas as Formas de Discriminação contra a Mulher de 1979.

[7] Art. 28. "*Nível de vida e proteção social adequados*; 2 – Os Estados Partes reconhecem o direito das pessoas com deficiência à proteção social e ao gozo desse direito sem discriminação com base na deficiência e tomarão as medidas apropriadas para salvaguardar e promover o exercício deste direito, incluindo através de medidas destinadas a: a) Assegurar às pessoas com deficiência *o acesso, em condições de igualdade, aos serviços de água potável e a assegurar o acesso aos serviços*, dispositivos e outra assistência adequados e a preços acessíveis para atender às necessidades relacionadas com a deficiência" (grifo nosso). Convenção sobre os Direitos das Pessoas com Deficiência de 2006.

[8] Art. 24 (2) estabelece que os Estados Partes tomarão medidas apropriadas com vistas a: "c) *combater as doenças e a desnutrição dentro do contexto dos cuidados básicos de saúde mediante, inter alia*, a aplicação de tecnologia disponível e o fornecimento de alimentos nutritivos e *de água potável*, tendo em vista os *perigos e riscos da poluição ambiental*" (grifo nosso). Convenção sobre os Direitos das Crianças de 1989.

de 1990 (ACERWC), que prevê o direito à água como uma modalidade do direito à saúde (art. 14, c), bem como o Protocolo Adicional à Carta Africana de Direitos do Homem e dos Povos sobre os Direitos das Mulheres de 2003, o qual consagra o direito de acesso à água potável como condição à realização do direito à segurança alimentar (art. 15, a).

O Comentário Geral n. 15, por sua vez, estabelece que o direito à água é essencial para assegurar o direito ao nível adequado de vida (art. 11, §1º), uma vez que se apresenta como uma das condições fundamentais para a sobrevivência. Além disso, esse importante comentário defende que o direito à água é intrinsecamente relacionado ao direito à saúde (art. 12, § 1º) e aos direitos à moradia e à alimentação (inclusos no art. 11, §1º). Apesar de não se pronunciar claramente quanto à existência autônoma ou derivada do direito à água, parece-nos, da leitura do Comentário Geral n. 15, que o Comitê Econômico trata o direito à água como uma derivação do direito ao nível adequado de vida, ao mesmo tempo que afirma a importância da relação entre o direito à água e outros direitos humanos, especialmente o direito à saúde.

A Resolução 64/292 de 2010 da Assembleia da ONU também não se manifesta claramente sobre essa questão, afirmando apenas que o direito à água e ao saneamento é um direito humano essencial para o gozo de todos os direitos humanos.[9] Em razão disso, esses documentos exarados no seio de órgãos da ONU suscitam dúvida quanto à intenção de caracterizar o direito à água como autônomo ou derivado.[10]

---

[9] Parágrafo 1º da Resolução "O direito humano à água e ao saneamento", adotada pela Assembleia Geral da ONU (A/RES/64/292, 3 ago. 2010). Disponível em: <http://www.un.org/ga/search/view_doc.asp?symbol=A/RES/64/292>. Acesso em: 25/12/2013.

[10] CAFLISCH, Lucius. *Le droit à l'eau* – un droit de l'homme internationalement protegé? SFDI, Colloque d'Orléans, L'eau en droit international. Paris: Pedone, 2011. pp. 392-392.

Já as Resoluções 16/2 de 2011 e 24/18 de 2013 do Conselho de Direitos Humanos revelam um posicionamento mais concreto no sentido de que o direito à água seria derivado do direito ao nível adequado de vida, reforçando também sua ligação intrínseca com o direito à vida e o direito à dignidade humana.[11]

Da análise dessas previsões pode-se inferir que, até o presente momento, o direito à água foi afirmado como um direito derivado de outros direitos humanos, normalmente relacionado ao direito ao nível adequado de vida.

Não se nega que o direito à água e ao saneamento possa ser derivado de outros direitos humanos que não o direito ao nível adequado de vida. Subsumido, por exemplo, ao direito à vida, o direito humano à água poderia ser traduzido como um direito a um mínimo de 2 litros de água diários por pessoa, isto é, o mínimo necessário para garantir que o indivíduo não morra em decorrência de desidratação. Da mesma forma, o direito à água subordinado exclusivamente ao direito à alimentação pode ser resumido a um direito à água a ser consumida diretamente e utilizada para cozinhar. Ainda, o direito à moradia poderia ensejar discussões acerca de questões estruturais, como o acesso às instalações de água e saneamento. Por fim, o direito à saúde como matriz do direito à água contemplaria, por exemplo, a qualidade da água suficiente para não colocar em risco a saúde humana. A partir dessas observações se depreende que, dependendo de a qual direito matriz o direito à água estiver

---

[11] Resolution on the human right to safe drinking water and sanitation, Human Rights Council (A/HRC/RES/16/2, 8 abr. 2011); Resolution on the human right to safe drinking water and sanitation, Human Rights Council (A/HRC/24/L.31, 27 set. 2013). Disponível em: <http://www.ohchr.org/EN/HRBodies/HRC/Pages/Documents.aspx>. Acesso em: 17/10/2013.

subordinado, diferentes aspectos e obrigações relacionadas ao direito à água serão protegidos.[12]

Por isso, entendemos que a inclusão do direito à água no escopo de proteção do direito ao nível adequado de vida se mostra condizente com todos os aspectos elaborados durante a sua evolução, entre eles a necessidade de água para outras atividades como a higiene pessoal e doméstica, a proibição de poluir os cursos d'água e as questões relativas à acessibilidade física, econômica e não discriminatória aos serviços de água e saneamento. Com efeito, a efetivação do direito ao nível adequado de vida ocorre quando os indivíduos vivem em um ambiente e sob condições que possibilitem tanto sua participação na vida social de forma digna como a realização de outros direitos humanos por seus próprios meios, o que seria impossível sem o acesso à água.[13]

É importante observar que a conclusão a respeito da não existência, até o presente momento, de um direito à água independente de outros direitos humanos enseja algumas implicações que devem ser consideradas.

Um fator positivo dessa derivação é que, ao ser compreendido como um direito auxiliar no processo de realização de outros direitos, o direito à água recebe a proteção desses últimos, os quais já estão devidamente consagrados e se beneficiam de mecanismos de implementação e verificação concretos. Além disso, a ideia de que o acesso à água e aos serviços de saneamento é uma condição a ser superada para a realização de outros direitos humanos, reforça a necessidade de se

---

[12] BULTO, Takele Soboka. The Human Right to Water in the Corpus and Jurisprudence of the African Human Rights System (2011). *African Human Rights Law Journal*, v. 11, n. 2, 2001, pp. 347-349.

[13] WINKLER, Inga T., op. cit., p. 43.

efetivar o direito à água sem que seja necessário discutir a legitimidade da interpretação extensiva das cortes e dos órgãos internacionais. Nessa linha, alguns doutrinadores defendem que o direito à água não deveria ser tratado como um novo direito humano, pois seu conteúdo estaria disperso nas obrigações e direitos que compõem outros direitos humanos, em especial os direitos à alimentação, à moradia e à saúde.[14]

No entanto, esse entendimento é duramente criticado pela maior parte da doutrina, a qual, alinhada com o movimento internacional pelo acesso à água e ao saneamento, considera prejudicial a derivação do direito à água de outros direitos humanos, notadamente por condicionar sua proteção à violação de um direito matriz, deixando-o à sombra dos outros direitos humanos. Além disso, essa corrente majoritária entende que a subsunção do direito à água a outros direitos humanos não permite que todos os aspectos necessários para o reconhecimento do direito humano à água sejam protegidos de forma coesa. Um exemplo disso é a judicialização do direito à água derivado do direito à saúde, a qual somente se dá na medida em que a saúde humana for concreta e imediatamente prejudicada, sem que se dedique a devida atenção a outros aspectos do direito à água, entre eles a questão da acessibilidade física, econômica e não discriminatória à água e ao saneamento. Além disso, o direito à água pode ser violado sem que seus efeitos à saúde sejam sentidos no curto prazo.

Essas preocupações motivam diversos especialistas a afirmar a necessidade da elaboração de um direito à água independente dos outros direitos humanos, que possibilite uma judicialização *per se* e garanta maior segurança jurídica e

---

[14] TULLY, S. A Human Right to Access Water? A Critique of General Comment n. 15. *Netherlands Quarterly of Human Rights*, v. 23, n. 1 (2005), pp. 35-63.

coerência no que tange às obrigações decorrentes desse direito humano.[15]

A Convenção Azul

Especialistas e ativistas dedicados à consagração do direito à água acreditam que a melhor forma de corrigir a questão da sua classificação como direito derivado seria a elaboração de uma convenção na qual se afirmaria explicitamente o direito à água independente e completo no que tange ao seu conteúdo, direitos e obrigações.

É nesse contexto em que se insere o entendimento de Riccardo Petrella, economista e conselheiro da Comissão Europeia, que defende a elaboração de uma "Convenção Azul" fundada no princípio básico de que a água é um patrimônio global comum e que, por isso, sua utilização e conservação devem ser regidas por regras que busquem o acesso básico à água para todos os seres humanos e comunidades.[16] Além disso, o especialista defende que o gerenciamento da água deve se dar de forma integrada e sustentável, de acordo com princípios de solidariedade ambiental, intrageracional e intergeracional, objetivos estes que somente poderão ser alcançados por meio da utilização sustentável dos recursos hídricos e de uma gestão participativa e democrática da água e do saneamento, com a atuação constante dos Estados, das ONGs e dos indivíduos.[17]

---

[15] Cf. BULTO, Takele Soboka, op. cit.; KIRSCHNER, Adele J. The Human Right to Water and Sanitation. *Max Planck Yearbook of United Nations Law 15* (2011), pp. 468-469.

[16] PETRELLA, Riccardo. *O manifesto da água*: argumento para um contrato mundial. Petrópolis: Vozes, 2002. pp. 128 e ss.

[17] Ibid., pp. 151-153.

Coaduna com as mesmas ideias de Petrella outra grande defensora da elaboração de uma "Convenção Azul", a canadense Maude Barlow, ex-conselheira da Assembleia Geral da ONU para assuntos relacionados à água, ao defender que a água é um bem comum global, mas que sua gestão deve ser local, democrática e pública.[18]

Expoente das discussões jurídicas sobre a água, Edith Brown Weiss[19] prefere tratar a crise hídrica como uma preocupação comum da humanidade, a exemplo do que ocorreu com as mudanças climáticas e a conservação da biodiversidade. Para ela, existem similaridades claras entre todas essas preocupações, pois são fenômenos que provocam efeitos globais, mas que devem ser solucionados em todos os âmbitos – internacional, regional e nacional –, bem como constituem questões de origem e com efeitos ambientais e sociais.

Ainda que existam diferenças, há algo em comum na opinião dos ativistas e doutrinadores que se debruçam sobre a possibilidade de elaboração de uma "Convenção Azul", ou de qualquer documento jurídico que venha a tratar mais especificamente do direito à água: todos eles defendem a necessidade de enfatizar a conservação ecológica da água. De fato, o ciclo hidrológico local e global vem sendo prejudicado pela ação danosa do homem por meio: (i) da extração excessiva das águas subterrâneas; (ii) da poluição das águas subterrâneas e superficiais; (iii) da utilização excessiva de água para a irrigação; e (iv) da ação humana que acelera o aquecimento global e provoca o derretimento acelerado das geleiras sem

---

[18] BARLOW, Maude. *Blue Covenant*: The Global Water Crisis and the Coming Battle for the Right to Water. New York/London: The New Press, 2007.

[19] BROWN WEISS, Edith. The Coming Water Crisis: A Common Concern of Humankind. *Transnational Environmental Law*, v. 1, Issue 1, p. 154, 2012.

que essa água doce e limpa seja suficientemente absorvida pelo solo.

Com efeito, a elaboração de uma "Convenção Azul" poderia consagrar não somente os aspectos já desenvolvidos pela evolução crescente e progressiva do direito à água na normativa e na jurisprudência do Direito Internacional dos Direitos Humanos, mas também princípios e preocupações ambientais já explicitados nos documentos do Direito Internacional do Meio Ambiente. Sem a inclusão da proteção e da conservação da água como elemento essencial para o bom funcionamento da natureza e para a sobrevivência das outras espécies, essa convenção careceria de completude, pois não levaria em consideração a importância da natureza e da utilização sistêmica da água para a sobrevivência humana e para a realização futura do direito à água.

Em 2005, uma iniciativa de diversas ONGs, em especial da *Green Cross International*, liderada pelo ex-presidente russo Mikhail Gorbachev, lançou um Projeto de Convenção sobre o Direito à Água, que, apesar de contemplar essas questões humanas e ambientais, sucumbiu às críticas de especialistas por enfatizar o tratamento da água como um bem econômico sujeito às leis de mercado e por incluir no escopo de proteção do direito à água o seu uso para atividades comerciais e industriais.[20] Sobre esse ponto é importante lembrar que o Comentário Geral n. 15 e os documentos jurídicos da ONU subsequentes já definiram que a água é "um recurso natural limitado e um bem público fundamental para a vida e para a saúde", sem excluir as outras classificações quanto à natureza

---

[20] Fundamental Principles for a Framework Convention on the Right to Water, Green Cross International, 2005. Disponível em: <http://www.watertreaty.org/convention.php>. Acesso em: 10/11/2013.

jurídica da água, mas estabelecendo prioridades no uso da água para a satisfação das necessidades humanas básicas. Especificamente no que diz respeito ao projeto de convenção mencionado, ele não prosseguiu conforme pretendiam seus elaboradores, não existindo até o presente momento nenhum outro projeto de convenção similar em discussão.

Obviamente, a proclamação expressa do direito à água independente e completo por meio de uma convenção universal (*ratione loci*) e de aplicabilidade geral (*ratione personae*) seria de grande valia para coroar a evolução do direito à água no Direito Internacional, posto que poderia contemplar todos os direitos e obrigações decorrentes do direito à água – quantidade, qualidade, proximidade dos pontos de distribuição, não discriminação no acesso, preço acessível a todos, proteção contra a poluição, entre outros –, além de ensejar uma proteção a esse direito independente da violação de outros direitos humanos, funcionando como uma resposta da comunidade internacional à crescente crise mundial no acesso à água e ao saneamento.

Não se ignora a dificuldade de realizar conferências internacionais e de elaborar convenções universais como essa nos dias de hoje, mas entende-se que uma consagração completa do direito à água mostra-se necessária perante a crise hídrica que afeta a disponibilidade dos recursos hídricos para milhões de indivíduos nas mais diversas regiões do planeta.

Enquanto isso não ocorre, sob a perspectiva da política de direitos humanos, parece importante concentrar os esforços na afirmação da existência do direito à água por meio dos mecanismos já em funcionamento, em especial no âmbito dos comitês da ONU e das cortes regionais, assegurando-se que, em futuras convenções que versem sobre direitos humanos, o direito à água seja expressamente incluído, assim como ocorreu na mais recente convenção universal, a Convenção sobre os Direitos das Pessoas com Deficiência de 2006, que autoriza seu Comitê a analisar demandas individuais e relatórios periódicos que versem sobre a implementação do direito à água e ao saneamento.

O aspecto ambiental

Importante ressaltar que, mesmo que o direito à água seja, finalmente, consagrado de forma expressa, independente e monitorável, outros esforços no campo político, científico-tecnológico e até mesmo educacional devem ser engendrados para que o acesso adequado à água e ao saneamento seja uma conquista para todos. Por exemplo, pesquisas relacionadas às novas tecnologias de despoluição e de dessalinização da água, as quais visam disponibilizar mais água adequada para uso humano, devem ser mantidas e incentivadas.

Todavia, ao invés de apostar exclusivamente em tecnologias que ainda não se mostraram suficientes para melhorar a disponibilidade de água – por serem excessivamente caras ou complexas –,[21] parece-nos mais adequado que os Estados concentrem seus esforços principalmente no combate às causas da crise hídrica e da falta de acesso à água.

As causas estruturais desses problemas são variadas e podem ter origem social, econômica ou ambiental. Dentre elas, citam-se: a falta de disponibilidade natural do recurso hídrico em algumas regiões; a poluição dos cursos d'água; a extração desenfreada e não sustentável dos recursos hídricos; a ausência

---

[21] COULEE, Frédérique. Rapport Général du droit international de l'eau à la reconnaissance internationale d'un droit à l'eau: les enjeux. SFDI, Colloque d'Orléans, L'eau en droit international. Paris: Pedone, 2011, p. 11.

de estruturas adequadas de fornecimento de serviços de água e saneamento; a discriminação de grupos vulneráveis ou marginalizados no acesso à água; a não prevenção de acidentes ambientais; e o subdesenvolvimento de alguns Estados, que se veem obrigados a escolher qual direito humano priorizar em decorrência da falta de recursos materiais suficientes.

Algumas dessas causas já vêm sendo contempladas pelos documentos jurídicos que afirmam o direito à água, notadamente por meio da proibição à discriminação, da proibição de se negar a quantidade mínima essencial de água aos que comprovem incapacidade de pagar pelos serviços, bem como da obrigação de proteger, a qual investe o Estado no poder e no dever de regular e controlar os preços e os serviços de terceiros contratados.

A nosso ver, é importante considerar ainda mais as causas ambientais para que o acesso universal à água seja uma conquista duradoura. Nessa linha, entendemos que o direito humano à água e ao saneamento contribui para a intensificação da relação entre direitos humanos e meio ambiente, e que sua consagração se revela mais um exemplo prático de como o desenvolvimento sustentável é o caminho a ser trilhado na busca por um modelo de desenvolvimento em harmonia com os direitos humanos e a natureza.[22]

O conceito de desenvolvimento sustentável nasceu nos anos 1980 e, desde essa época, aparece regularmente em documentos jurídicos de cunho ambiental, econômico e social, tendo sido citado inclusive por cortes internacionais.[23] Nas

---

[22] WOLKMER, Maria de Fátima S.; PETTERS MELO, Milena. O direito fundamental à água: convergências no plano internacional e constitucional. In: BRAVO, Álvaro Sánchez (org.), op. cit., pp. 385-404.

[23] Dentre diversos outros exemplos, cita-se a clara menção ao desenvolvimento sustentável feita pela Corte Internacional de Justiça no caso Gabcikovo-Nagymaros Project. *Caso Hungria vs. Eslováquia*, CIJ (25 set. 1997), §140.

palavras de Philippe Sands,[24] pode ser definido como "o desenvolvimento que leva em consideração as necessidades do presente sem comprometer a capacidade de as gerações futuras satisfazerem as suas próprias necessidades".

Depreende-se dessa conceituação que o modelo de desenvolvimento econômico a ser adotado não pode estar desvinculado das preocupações com a proteção ambiental, especialmente com a não exaustão dos recursos naturais, e com satisfação das necessidades humanas das gerações presentes e futuras. Apenas dessa forma podem ser contempladas as três dimensões do desenvolvimento sustentável: econômica, social e ambiental.

Nesse sentido, as diversas resoluções e comentários gerais dos órgãos da ONU sobre o direito à água já realizaram a conexão entre esse direito humano e a preservação e conservação do meio ambiente. Tomando-se por base o já analisado Comentário Geral n. 15 de 2002, a questão ambiental nele aparece por meio das diversas referências expressas às conferências internacionais e aos documentos jurídicos do DIMA, nos quais a necessidade de proteção da água como recurso foi discutida e afirmada. De forma mais específica, o comentário demonstra preocupação com o que chama de "higiene ambiental", isto é, com a prevenção da poluição e da contaminação dos recursos hídricos por substâncias danosas e patogênicas, com o objetivo principal de proteger a saúde humana.[25] E, ainda, o comentário demonstra preocupação com o acesso

---

[24] SANDS, Philippe. *Principles of International Environmental Law*. 2. ed. Cambridge: Cambridge University Press, 2003. p. 252.

[25] Parágrafo 8º do Comentário Geral n. 15 do Comitê dos Direitos Econômicos, Sociais e Culturais das Nações Unidas, "O direito à água (arts. 11 e 12 do Pacto Internacional sobre Direitos Econômicos, Sociais e Culturais)" (E/C.12/2002/11, 20 jan. 2003).

à água em tempos de desastre natural, afirmando a obrigação dos Estados de proteger os meios de sobrevivência da população civil, dentre eles o acesso adequado à água.[26]

Além das preocupações ambientais que visam, em última instância, proteger a sobrevivência e a saúde humanas, o Comentário Geral n. 15 também dispõe sobre a importância da conservação *per se* dos recursos hídricos e dos cursos d'água, incentivando a adoção de estratégias como:

> (a) a redução no desperdício de recursos hídricos pela extração, pelo desvio e pelo represamento não sustentáveis;
> (b) a redução e a eliminação da contaminação de bacias hidrográficas e ecossistemas dependentes da água por substâncias como a radiação e os excrementos químicos e humanos que sejam perigosos;
> (c) o monitoramento das reservas de água;
> (d) a verificação de que propostas ligadas ao desenvolvimento não interfiram no acesso adequado à água;
> (e) a avaliação sobre os impactos de ações que possam ser prejudiciais à disponibilidade hídrica e aos ecossistemas das bacias hidrográficas, como as mudanças climáticas, a desertificação, o aumento da salinização dos solos, o desflorestamento e a perda da biodiversidade (...)[27] (tradução livre)

Assim, pode-se dizer que o direito à água, da forma como enunciado pelo Comitê Econômico, leva em consideração a importância da água não somente no que concerne à sua qualidade adequada à saúde humana, mas também no que tange

---

[26] Parágrafo 22 do Comentário Geral n. 15 do Comitê dos Direitos Econômicos, Sociais e Culturais das Nações Unidas, "O direito à água (arts. 11 e 12 do Pacto Internacional sobre Direitos Econômicos, Sociais e Culturais)" (E/C.12/2002/11, 20 jan. 2003).

[27] Parágrafo 28 do Comentário Geral n. 15 do Comitê dos Direitos Econômicos, Sociais e Culturais das Nações Unidas, "O direito à água (arts. 11 e 12 do Pacto Internacional sobre Direitos Econômicos, Sociais e Culturais)" (E/C.12/2002/11, 20 jan. 2003).

à sua importância sistêmica para o bom funcionamento das bacias hidrográficas e dos ecossistemas naturais. Resta clara a ideia de que a água é um recurso natural do qual todos dependemos, não somente em decorrência do contexto ecológico da existência humana – o qual nos impõe necessidades biológicas assim como a qualquer outra espécie –, mas também como parte integrante desse sistema complexo e inter-relacionado que é a natureza.

É essencial, pois, que a governança da água seja guiada por diretrizes que tenham como fundamento tanto a realização dos direitos humanos como a proteção *per se* do meio ambiente e de seus recursos naturais. Assim, princípios e interesses protegidos tanto sob a bandeira do Direito Internacional dos Direitos Humanos – princípio da não discriminação, prioridade para a realização das necessidades básicas humanas e participação democrática – quanto do Direito Internacional do Meio Ambiente – preservação e conservação ambiental e princípio da precaução – integram-se para compor um conjunto de instrumentos a ser utilizado para trabalhar as causas da crise hídrica e da falta de acesso à água. Essa utilização conjunta dos princípios ligados aos direitos humanos e ao meio ambiente fornece as bases necessárias para que a efetividade do direito à água se verifique também a longo prazo.

Há de se enfatizar, ainda, que a afirmação do direito à água, além de ser um exemplo do estreitamento na relação entre direitos humanos e proteção ambiental, também funciona como um exemplo claro da aplicação da chamada teoria da "equidade intergeracional", já citada anteriormente.[28] Nesse

---

[28] Cf. "Meio ambiente e direitos humanos: considerações teóricas", supra, pp. 48-66.

sentido, Edith Brown Weiss[29] resume bem os "aspectos intergeracionais do direito à água" ao defender que as gerações atuais, como beneficiárias temporárias dos recursos naturais, têm direitos e obrigações relativos à água, entre eles: (i) manter a diversidade nas formas de extração de água – utilizando de forma sustentável rios, lagos e reservatórios subterrâneos; (ii) investir em métodos de extração e reuso que reduzam o desperdício; e (iii) priorizar as atividades que sejam menos consumidoras de água por meio de políticas públicas e educacionais.

---

[29] BROWN WEISS, Edith. The Evolution of International Water Law. *Recueil des cours* (Hague Academy of International Law), v. 331, pp. 163-404, 320-323, 2007.

Capítulo 4

O direito à água no Brasil

O contexto hídrico brasileiro é exemplificativo da desigual distribuição regional de água. Considerado rico em termos hídricos por contar com 13,7% dos recursos de água doce do mundo,[1] o Brasil abriga regiões que sofrem com a indisponibilidade desse recurso. Por exemplo, os Estados Federados que compõem a região hidrográfica Amazônica, de densidade demográfica baixíssima (cerca de 2,51 habitantes por km²), contribuem com uma vazão média de água que corresponde a 73,6% do total do país (ou 132.145 m³/s); simultaneamente, a região hidrográfica do Atlântico Sudeste, de alta densidade demográfica (127,1 habitantes por km²), tem vazão média que corresponde a apenas 1,8% do total do país (ou cerca de 3.162 m³/s).[2] Esses dados demonstram não somente o desequilíbrio regional quanto à natural disponibilidade hídrica, mas também quanto à pressão populacional exercida sobre esse recurso indispensável.

---

[1] MMA – Ministério do Meio Ambiente. *Água, um recurso cada vez mais ameaçado.* p. 28. Disponível em: <http://www.mma.gov.br/estruturas/sedr_proecotur/_publicacao/140_publicacao09062009025910.pdf>. Acesso em: 7/12/2015.

[2] ANA – Agência Nacional de Águas. *Região Hidrográfica Amazônica*: a maior do mundo em disponibilidade de água. Disponível em: <http://www2.ana.gov.br/Paginas/portais/bacias/amazonica.aspx>. Acesso em: 28/10/2014.

Diante do quadro de desigualdade na distribuição hídrica, muitas vezes agravado pela ação ou inação do homem, faz-se necessário compreender a estruturação dos mecanismos relativos ao direito à água no contexto brasileiro.

No Brasil, a água é considerada um bem de domínio público[3] e o gerenciamento dos corpos d'água ocorre de forma integrada por meio das bacias hidrográficas, com o auxílio de diversos instrumentos jurídicos, entre eles, o plano de recursos hídricos, o sistema de concessão de outorga do uso da água e a cobrança pelo uso das águas.[4]

Apesar de não inscrever o direito humano à água em sua Constituição Federal, o sistema jurídico brasileiro reconhece, por meio da Lei n. 9.433/97 (Lei Nacional das Águas), que, em situações de escassez, quando normalmente há conflito entre os diversos usos da água, há de se priorizar o consumo humano e a dessedentação de animais (art. 1º, III). Com esse dispositivo, a legislação brasileira parece privilegiar a vida como bem jurídico a ser tutelado.

Além disso, essa mesma lei inclui como objetivo da Política Nacional de Recursos Hídricos "assegurar à atual e às futuras gerações a necessária disponibilidade de água, em padrões de qualidade adequados aos respectivos usos" (art. 2º, I), em notável menção à sustentabilidade dos recursos hídricos. Por fim, ao tratar do regime de outorga de direitos de uso da água, a mesma lei reforça a necessidade de "assegurar o controle

---

[3] Art. 1º (I) da Lei n. 9.433, de 8 de janeiro de 1997 (Política Nacional de Recursos Hídricos). Disponível em: <http://www.planalto.gov.br/ccivil_03/leis/L9433. HTM>. Acesso em: 10/1/2014.

[4] D'ISEP, Clarissa Ferreira Macedo. *Água juridicamente sustentável*. São Paulo: Editora Revista dos Tribunais, 2010. p. 116.

quantitativo e qualitativo dos usos da água e o efetivo exercício dos direitos de acesso à água" (art. 11).[5]

A lei em questão ainda dispõe que não é necessária autorização do poder público para "o uso de recursos hídricos para a satisfação das necessidades de pequenos núcleos populacionais, distribuídos no meio rural", bem como para as "derivações, captações e lançamentos considerados insignificantes" (art. 12, §1, II).

Da análise conjunta dessas previsões pode-se inferir: (i) a existência de um direito de acesso à água, apesar de não constitucional, que protege especificamente a população rural; (ii) a prioridade, em caso de situação de escassez, ao consumo humano e animal; (iii) a autorização da captação de uma quantidade mínima para satisfação das necessidades pessoais e domésticas.

Essa interpretação certamente nos leva a identificar algumas características do direito à água na legislação infraconstitucional brasileira. Contudo, a falta de uma afirmação constitucional do direito à água enseja dúvidas sobre a verdadeira existência desse direito de forma individual e judicializável. Por isso, duas Propostas de Emenda Constitucional (PEC 39/2007 e PEC 213/12)[6] já foram apresentadas com o objetivo de incluir o direito à água no rol dos direitos sociais constantes do art. 6º da Constituição Federal. As PECs foram apensadas e tramitam juntas no Congresso, tendo sido aceitas pela Comissão de Constituição e Justiça e de Cidadania (CCJC) da Câmara dos Deputados, em 1º de abril de 2014.

---

[5]   Lei n. 9.433, de 8 de janeiro de 1997 (Política Nacional de Recursos Hídricos). Disponível em: <http://www.planalto.gov.br/ccivil_03/leis/L9433.HTM>. Acesso em: 10/1/2014.

[6]   Cf. Anexos, infra, pp. 217-223.

Atualmente, aguardam a formação de Comissão Especial para retomada de sua tramitação. Caso uma dessas propostas sejam aceitas, o Brasil terá adotado, de uma vez por todas, o modelo constitucional sul-africano de consagração do direito à água.

A discussão sobre a necessidade ou não de normas mais concretas quanto ao direito à água não impediu que o judiciário brasileiro analisasse casos relativos ao acesso à água e ao saneamento. Nesse sentido, a maioria das decisões brasileiras sobre o tema foi adotada em processos nos quais se discute a legalidade dos cortes no abastecimento de água e de esgoto. Uma análise conjunta dessas decisões nos autoriza a afirmar que já existe uma jurisprudência razoavelmente consolidada no sentido de que "o ato de interrupção, por inadimplemento, do fornecimento de água à família em situação de miserabilidade constitui atentado à cidadania, o que é constitucionalmente vedado",[7] bem como de que "os cortes constituem um meio abusivo de obrigar o devedor a pagar o que é devido, expondo o consumidor ao ridículo e ao constrangimento".[8]

Essas e outras decisões demonstram a intenção do judiciário de proteger o acesso à água como um serviço público essencial à vida, razão pela qual é possível afirmar que o Brasil também se enquadra, ainda que de forma tímida, no modelo jurisprudencial de consagração do direito à água.

Entretanto, vale lembrar que tais decisões ainda protegem um direito à água um tanto quanto incompleto, uma vez que

---

[7] TJPR, Primeira Câmara Cível, Apelação Cível n. 268.676-8, Juiz Relator Paulo Roberto Hapner, Juiz Leonel Cunha, com declaração de Voto, J. 21/12/2004; TJPR, 10ª Câmara Cível Processo, Apelação Cível n. 2816608 PR. Relator: Leonel Cunha, J. 31/5/2005.

[8] STJ, Primeira Turma, Resp. 201112/SC, Relator Ministro Garcia Vieira, J. 20/4/1999, DJ 10/4/1999, p. 124.

não tratam de todos os critérios e obrigações que decorrem desse direito, condenando apenas os cortes de fornecimento com fundamento em outros direitos humanos previstos pela Constituição – como o direito à saúde (art. 196)[9] – ou em leis ambientais (Lei n. 9.433/97) e de proteção ao consumidor (art. 42 do Código de Defesa do Consumidor).

Assim, pode-se afirmar com segurança que a normativa e a jurisprudência brasileiras ainda se encontram em estágio pouco avançado de evolução, especialmente se comparadas a outros sistemas nacionais, fazendo-se necessária a adoção de medidas coordenadas para o enfrentamento das crises hídricas nas diversas regiões do país.

A contínua escassez do recurso no sertão nordestino é o mais antigo drama hídrico brasileiro. Apesar do relativo sucesso de algumas políticas relacionadas à captação da água das chuvas – como as cisternas – e da polêmica relativa à custosa e ainda inacabada obra de desvio do Rio São Francisco, o problema de acesso à água ainda permanece bastante grave na região.

Somam-se à situação do sertão nordestino outras ocorrências mais recentes, como a crise hídrica do Estado de São Paulo e o desastre ambiental de Mariana, em Minas Gerais, que deixaram milhões de pessoas sem acesso à água.

A crítica situação da falta d'água no Estado de São Paulo em 2014 e 2015 exemplifica a necessidade de instrumentos de informação quanto à situação hídrica, bem como de monitoramento da gestão pública por parte população. A falta desses instrumentos essenciais para a efetivação do direito à água não exime o Governo do Estado de São Paulo de suas

---

[9] TJRS, Vigésima Segunda Câmara Cível, AC n. 70026471755 RS. Relator: Niwton Carpes da Silva, J. 15/12/2011.

obrigações relativas à boa gestão e à conservação dos sistemas de abastecimento hídrico, tampouco de sua obrigação de planejamento de longo prazo.

A crise hídrica paulista também evidencia a ausência de outros aspectos do direito à água, entre eles a alocação prioritária à população e adoção de medidas de combate ao desperdício realizado por indivíduos e empresas. Ao visitar a região, a então Relatora Especial da ONU sobre o Direito à Água e ao Saneamento, Catarina de Albuquerque, criticou as autoridades públicas por não estabelecer medidas contrárias ao desperdício, por exemplo a adoção de multas para quem insistisse em encher piscinas, lavar carros e calçadas, em meio ao estresse hídrico. Também criticou a não adoção de regime de prioridades na alocação do recurso para satisfação de necessidades básicas dos indivíduos, ainda que isso significasse deixar em segundo plano as necessidades da indústria, da agricultura e do turismo.[10]

O desastre das barragens de rejeitos da produção de minério de ferro, na cidade de Mariana, em Minas Gerais, também nos traz importantes lições no que concerne ao direito à água e ao saneamento. A primeira delas também diz respeito ao direito à informação. Segundo os especialistas da ONU Baskut Tuncak e John Knox, o lapso de três semanas transcorridos até que as autoridades públicas anunciassem à população os riscos tóxicos da catástrofe se revelou inaceitável.[11] De fato, o colapso das bar-

---

[10] "Falta de água é culpa do Governo de SP, afirma relatora da ONU", entrevista concedida à *Folha de S.Paulo*, 31/8/2014. Disponível em: <http://www1.folha. uol.com.br/cotidiano/2014/08/1508504-falta-de-agua-e-culpa-do-governo- -de-sp-afirma-relatora-da-onu.shtml>. Acesso em: 10/12/2015.

[11] "Desastre de Mariana (MG): 'Medidas do Governo, Vale e BHP Billiton foram claramente insuficientes'", artigo publicado no site das Nações Unidas no Brasil, em 25/11/2015. Disponível em: <http://nacoesunidas.org/desastre-de-mariana -mg-medidas-do-governo-vale-e-bhp-billiton-foram-claramente-insuficientes/>. Acesso em: 10/12/2015.

ragens lançou 50 milhões de toneladas de resíduos de minério de ferro e produtos químicos tóxicos no rio Doce, o que deve comprometer a saúde de milhares de pessoas que dependem da água extraída do rio para satisfazer suas necessidades hídricas.

O Relator Especial da ONU sobre o Direito à Água e ao Saneamento, Léo Heller, reiterou a preocupação com a qualidade da água proveniente do Rio Doce, aconselhando as autoridades brasileiras a garantir o acesso à informação sobre a qualidade da água e também a promover a distribuição da água necessária para satisfação das necessidades pessoais, com especial atenção aos idosos e deficientes.[12]

A segunda e mais importante lição sobre o desastre de Mariana diz respeito à obrigação do Estado de não poluir e de impedir que terceiros comprometam a qualidade dos recursos hídricos e a sustentabilidade do ciclo hidrológico. Mesmo que ocorra a reparação dos danos causados à população – o que na prática se mostra impossível, tendo em vista a ocorrência de dezesseis mortes[13] e inúmeros desabrigados –, os prejuízos causados ao meio ambiente são irreparáveis. Especialistas confirmam que a Bacia do Rio Doce sofreu danos irreversíveis e que diversas espécies locais serão extintas.[14]

---

[12] "Desastre em Mariana: especialista da ONU pede 'acesso urgente' à água segura para consumo". Artigo publicado no site das Nações Unidas no Brasil, em 8/12/2015. Disponível em: <http://nacoesunidas.org/desastre-em-mariana-espe cialista-da-onu-pede-acesso-urgente-a-agua-segura-para-consumo/>. Acesso em: 10/12/2015.

[13] "Identificada mais uma vítima da onda de lama da barragem de Mariana (MG)". Artigo publicado no *UOL Notícias*, em 11/12/2015. Disponível em: <http:// noticias.uol.com.br/cotidiano/ultimas-noticias/2015/12/11/identificada-mais -uma-vitima-da-onda-de-lama-da-barragem-de-mariana-mg.htm>. Acesso em: 10/12/2015.

[14] "Restaurar natureza tomada por lama é impossível; Rio Doce pode desaparecer". Artigo publicado no *UOL Notícias*, em 13/11/2015. Disponível em: <http://no ticias.uol.com.br/meio-ambiente/ultimas-noticias/redacao/2015/11/13/rio-do ce-precisa-de-acoes-para-garantir-sobrevida-e-tera-danos-por-decadas.htm>. Acesso em: 10/12/2015.

Por fim, a lição que extraímos desses últimos acontecimentos é a de que o Brasil precisa avançar urgentemente no que concerne às obrigações relativas ao direito à água e ao saneamento, bem como garantir que situações graves de violação do referido direito não venham a se repetir.[15]

Com a inscrição definitiva do direito à água na Constituição Federal, o Brasil agiria de forma condizente com sua atuação no âmbito internacional, uma vez que votou a favor da Resolução 64/292 de 2010 da Assembleia Geral da ONU, a qual declarou ser "o direito à água potável e segura e ao saneamento um direito humano essencial para o gozo de todos os outros direitos humanos".[16]

---

[15] Parágrafo 55 do Comentário Geral n. 15 do Comitê dos Direitos Econômicos, Sociais e Culturais das Nações Unidas, "O direito à água (arts. 11 e 12 do Pacto Internacional sobre Direitos Econômicos, Sociais e Culturais)" (E/C.12/2002/11, 20 jan. 2003).

[16] Parágrafo 1º da Resolução "O direito humano à água e ao saneamento", adotada pela Assembleia Geral da ONU (A/RES/64/292, 3 de agosto de 2010). Disponível em: <http://www.un.org/ga/search/view_doc.asp?symbol=A/RES/64/292>. Acesso em: 25/12/2013.

Conclusão

A água sempre foi um fator essencial para o desenvolvimento das civilizações, sendo um recurso imprescindível para praticamente todas as atividades que o ser humano realiza. Contudo, uma somatória de fatores, como a distribuição naturalmente desigual do recurso, de seu uso não sustentável e da concorrência entre seus diversos usos, ocasionou a crise hídrica global pela qual passamos atualmente.

Conscientes da gravidade da crise, ONGs, Estados, ativistas e especialistas impulsionaram um movimento em favor da proclamação do direito humano à água. A intenção era inscrever definitivamente na ordem internacional as liberdades, os direitos e as obrigações que garantiriam o acesso à água e a seus serviços básicos, como o saneamento.

De uma pretensão militante, o direito à água e ao saneamento passou a ser afirmado, paulatinamente, na normativa e na jurisprudência internacionais, as quais têm servido para delimitar suas características e implicações.

Constata-se que os primeiros instrumentos jurídicos a afirmarem a importância do acesso à água em quantidade e qualidade suficientes foram documentos do Direito Internacional do Meio Ambiente. Por isso, há quem afirme que o direito à água, recentemente consagrado no âmbito do Direito Internacional dos Direitos Humanos, seria muito mais uma constatação tardia do que um novo direito humano.[1]

---

[1] BULTO, Takele Soboka. The Emergence of the Human Right to Water in International Human Rights Law: invention or discovery? Centre for International Governance and Justice Working Paper n. 7, April 2011, pp. 29-30.

De fato, os documentos da normativa ambiental internacional enriqueceram as discussões relacionadas à preservação e ao acesso à água. Todavia, não é possível concluir pela existência de um direito individual à água exclusivamente com base nos documentos do Direito Internacional do Meio Ambiente, o que nos parece bastante natural, uma vez que se distancia dos objetivos específicos desse ramo do Direito a proclamação de direitos individuais.

Além disso, a partir de uma perspectiva mais pragmática, pode-se afirmar que o direito à água tem maior potencial para receber um tratamento adequado quando trabalhado pelos sistemas de proteção dos direitos humanos, os quais se demonstram, até o presente momento, mais coesos quanto aos seus diversos níveis de obrigações e responsabilidades – nacional, regional e internacional. De fato, os incipientes sistemas de proteção do meio ambiente permanecem excessivamente permeados pela lógica da soberania estatal sobre os recursos naturais, além de favorecer previsões da chamada *soft law*[2] em detrimento de compromissos vinculantes que possam dar ensejo a sanções judiciais.

Contudo, observa-se uma importante lacuna decorrente da ausência de consagração do direito à água nos principais documentos de direitos humanos. Não foi outro o motivo pelo qual as cortes regionais e os órgãos de interpretação e monitoramento da ONU passaram a extrair o direito à água de outros direitos humanos – direito à vida, à saúde, à moradia – anteriormente consagrados por convenções-base, fornecendo

---

[2] Não se ignora a importância jurídica da *soft law* como um conjunto de documentos que, por não possuírem força obrigatória, incidem mais no campo da política e da moral. Com efeito, esses documentos têm o potencial de transformar-se em costume internacional ou ainda de impulsionar a elaboração de documentos jurídicos vinculantes.

uma proteção indireta (*ricochet*) às demandas ligadas ao acesso à água e ao saneamento.

De fato, os três principais órgãos judiciais regionais – Corte Europeia, Corte Interamericana e Comissão Africana – utilizaram-se da técnica da interpretação evolutiva dos tratados de direitos humanos para construir uma jurisprudência relevante no que diz respeito à efetivação do direito à água. Foi assim que se deu a construção de um direito à água implícito nos documentos jurídicos regionais, o que possibilitou a análise de diversas demandas individuais impetradas por vítimas da falta de acesso à água e ao saneamento.

Vale lembrar que a ausência de inscrição do direito à água na normativa regional não contribui para a segurança jurídica, uma vez que, ao restar vinculado à proteção de outro direito humano, o direito à água não é contemplado em sua plenitude, mas sim na medida da violação ao direito matriz. Da mesma forma, a falta de previsão expressa do direito à água vincula tanto a admissibilidade das demandas quanto seu enquadramento legal à mera discricionariedade de cada juízo, o que origina situações assimétricas de proteção a esse direito.

Nesse sentido, algumas convenções de aplicabilidade universal já consagraram o direito à água de forma expressa, entre elas, a Convenção sobre a Eliminação de Todas as Formas de Discriminação contra a Mulher (CEDAW) de 1979, a Convenção sobre os Direitos das Crianças de 1989 e a Convenção sobre os Direitos das Pessoas com Deficiência de 2006. Recentemente, os comitês originários dessas convenções receberam competência para analisar demandas individuais em caráter quase judicial, razão pela qual se espera que esses órgãos possam em breve proferir decisões relativas ao direito à água de forma a endereçar situações específicas e enriquecer a jurisprudência internacional sobre o assunto.

Ainda, o documento que certamente merece maior destaque no estudo do direito à água é o Comentário Geral n. 15 de 2002 exarado pelo Comitê Econômico da ONU, órgão cuja função é interpretar e verificar a implementação do Pacto Internacional sobre os Direitos Econômicos, Sociais e Culturais de 1966.[3] Trata-se, sem sombra de dúvida, do documento-chave para o desenvolvimento do direito à água, uma vez que, além de afirmar sua existência como decorrência direta do "direito a um nível adequado de vida" (art. 11, §1) e do direito à saúde (art. 12), lista, de forma exaustiva, as liberdades e obrigações provenientes do direito à água.

De acordo com o Comentário Geral n. 15, o direito à água pode ser definido, em apertada síntese, como o direito de cada indivíduo a se beneficiar de serviços relacionados à água e ao saneamento de forma acessível, contínua e não discriminatória, de modo a satisfazer suas necessidades pessoais e domésticas. Por representar a interpretação oficial do Comitê Econômico, o conteúdo do Comentário Geral n. 15 já serviu de fundamento para diversas observações finais exaradas no âmbito do Sistema de Monitoramento do Pacto Econômico, por meio das quais o Comitê Econômico chamou a atenção dos Estados para violações do direito à água e proferiu recomendações no sentido de efetivar esse direito humano.

Ademais, outras iniciativas no âmbito da Organização das Nações Unidas merecem ser relembradas. Em primeiro lugar, a criação do posto de Relator Especial sobre o Direito à Água e ao Saneamento, em 2008, que tem permitido o

---

[3] BULTO, Takele Soboka, op. cit., p. 11.

acompanhamento *in loco* dos problemas e das soluções para a falta de acesso à água e ao saneamento adequados. Dentre tantos outros documentos elaborados no seio da ONU, outra relevante vitória para o movimento internacional pelo acesso à água foi a Resolução 64/292 de 2010 da Assembleia Geral da ONU, que declarou ser "o direito à água potável e segura e ao saneamento um direito humano essencial para o gozo de todos os outros direitos humanos".[4]

Importante lembrar que as resoluções da Assembleia Geral, apesar de não constituírem documentos jurídicos vinculantes, adquirem um peso especial no que concerne à verificação da vontade da comunidade internacional, especialmente se considerarmos, nesse caso, que 122 dos 195 Estados foram favoráveis à declaração do direito à água como um direito humano.

Essas evoluções normativas são importantes e devem ser celebradas pela comunidade internacional. Contudo, pelo menos três aspectos ainda nos impedem de afirmar que o direito à água tenha sido consagrado de maneira completa e coesa pela comunidade internacional.

Em primeiro lugar, as convenções que proclamaram expressamente o direito à água são restritas quanto à sua aplicabilidade (*ratione personae*), protegendo apenas alguns grupos de indivíduos, entre eles as mulheres habitantes do meio rural, as crianças e as pessoas com deficiência. Exclui-se, dessa forma, grande parte das vítimas da falta de acesso à água e

---

[4] Parágrafo 1º da Resolução "O direito humano à água e ao saneamento", adotada pela Assembleia Geral da ONU (A/RES/64/292, 3 ago. 2010). Disponível em: <http://www.un.org/ga/search/view_doc.asp?symbol=A/RES/64/292>. Acesso em: 25/12/2013.

ao saneamento da possibilidade de reclamarem em juízo esse direito humano.

Em segundo lugar, cada uma dessas convenções que inscreveram o direito à água em seu texto priorizou apenas um aspecto desse direito, por exemplo, a não discriminação no acesso ou na qualidade da água. Não foram contemplados de forma integral todos os direitos e obrigações decorrentes do direito à água já sedimentados na doutrina e nas resoluções dos órgãos da ONU, entre eles a quantidade suficiente, a proximidade dos pontos de distribuição, a conservação dos recursos hídricos, entre outros.

Em terceiro lugar, a definição completa dos contornos e do conteúdo do direito à água somente ocorreu por meio de declarações políticas e de intenções, ou ainda por meio de documentos interpretativos das convenções de direitos humanos, os quais são desprovidos de caráter vinculante e não ensejam a aplicação de sanções jurídicas.

Apesar disso, observa-se que a existência de uma previsão explícita do direito à água nesses documentos jurídicos demonstra sua inclusão definitiva na pauta de discussões da comunidade internacional, além de permitir a verificação da implementação desse direito pelos chamados mecanismos quase judiciais.

Essa constante afirmação do direito à água por órgãos judiciais e interpretativos das organizações internacionais dão ensejo a um direito à água costumeiro em estágio inicial (*statu nascendi*),[5] o que demonstra que vivemos um momento de preparação para a consagração definitiva e completa do direito à água. Espera-se que em pouco tempo surjam documentos

---

[5] WINKLER, Inga T. *The Human Right to Water*: Significance, Legal Status and Implications for Water Allocation. Oxford: Hart Publishing, 2012. p. 277.

gerais de aplicabilidade obrigatória com previsão de monitoramento, o que já vem acontecendo por meio das convenções que protegem categorias específicas de indivíduos.

Mesmo assim, é importante notar que a mera proclamação formal do direito humano à água não representará solução para os problemas ligados ao acesso à água e à conservação desse precioso recurso. Nesse sentido, sem prejuízo das considerações de cunho teórico sobre os direitos humanos antes apresentadas, medidas complementares no âmbito das políticas hídricas podem e devem ser impulsionadas para que as metas relacionadas ao acesso à água para todos e à gestão sustentável dos recursos hídricos possam ser alcançadas.

Faz-se necessário garantir, em âmbito local, a participação popular nos processos de decisão sobre as políticas hídricas que possam afetar o acesso de indivíduos e comunidades à água. Isso é especialmente importante no caso de comunidades que dependem de forma direta desses recursos hídricos, tais como as comunidades indígenas, ribeirinhas e de pequenos agricultores. Defende-se, em determinados casos, a participação direta das comunidades na gestão dos recursos hídricos como uma forma de promover a democracia da água e fornecer instrumentos para que os indivíduos marginalizados sejam agentes das mudanças pelas quais aspiram.

Em âmbito nacional, mostra-se necessário um intenso esforço institucional e de alocação dos recursos materiais por parte dos Estados no sentido de promover a infraestrutura necessária para garantir o acesso à água e ao saneamento adequado à população. Nesse ponto, o fornecimento da quantidade mínima essencial de água, o qual integra as obrigações centrais (*core obligations*) estabelecidas pelo Comentário Geral n. 15, deve ser priorizado.

Em âmbito internacional, medidas de cooperação devem ser incentivadas, especialmente para que os Estados em desenvolvimento possam melhorar a distribuição e a qualidade dos serviços relacionados à água. Nessa esteira, destaca-se a criação de organismos supranacionais de cooperação hídrica, tais como o UN Water,[6] o World Water Council,[7] Global Water Partnership[8] e a Sanitation and Water for All,[9] no seio dos quais iniciativas relacionadas ao monitoramento e à pesquisa sobre os recursos hídricos vêm sendo desenvolvidas na tentativa de compreender melhor as causas, os efeitos e as possíveis soluções para a crise hídrica global.

Com efeito, a cooperação entre Estados, organizações internacionais, organizações não governamentais, universidades,

---

[6] O UN Water é uma entidade da Organização das Nações Unidas composta por diversos de seus órgãos, programas, agências especializadas e fundos. O UN Water realiza parcerias com outras organizações internacionais e organizações não governamentais – World Wide Fund for Nature (WWF), International Union for Conservation of Nature (IUCN), entre outras – com o objetivo específico de realizar a Meta 19 da Declaração do Milênio de 2000, referente ao acesso à água e ao saneamento. Disponível em: <http://www.unwater.org/>. Acesso em: 2/1/2014.

[7] O World Water Council (WWC) é uma rede mundial composta por organizações internacionais, bancos, empresas e institutos de pesquisa ligados à água. Estabelecido em 1996, o WWC tem como objetivo a promoção de estudos e discussões sobre os problemas relacionados à conservação, à gestão e ao uso da água. Disponível em: <www.worldwatercouncil.org>. Acesso em: 2/1/2014.

[8] O Global Water Partnership (GWP) é uma rede mundial fundada, em 1996, pelo Banco Mundial, pelo Programa das Nações Unidas para o Desenvolvimento (PNUD) e pela Agência Sueca de Cooperação para o Desenvolvimento (SIDA). O GWP conta hoje com a participação de instituições governamentais, agências da ONU, bancos de desenvolvimento, organizações não governamentais, empresas e instituições de pesquisa. O objetivo da rede é promover o desenvolvimento e a gestão coordenada dos recursos hídricos. Disponível em: <http://www.gwp.org>. Acesso em: 1/1/2014.

[9] Sanitation and Water for All (SWA) é uma parceria entre mais de 90 países, agências internacionais, ONGs e outros agentes de desenvolvimento que trabalham para catalisar ações políticas, melhorar a responsabilização e aprimorar o uso dos recursos hídricos de forma a facilitar o acesso à água e ao saneamento adequados. Disponível em: <http://sanitationandwaterforall.org/about/#sthash.Ps3QfuSw.dpuf>. Acesso em: 1/12/2015.

institutos de pesquisas e representantes do setor privado revela-se essencial para a melhor compreensão das questões relacionadas à crise hídrica, assim como para a promoção do acesso à água para todos.

Ainda mais importante é a noção, cada vez mais presente nas discussões internacionais, de que é preciso utilizar os recursos naturais de forma sustentável. De fato, de nada adianta colocar em prática um modelo sofisticado de desenvolvimento e de distribuição dos recursos hídricos sem que haja um cuidado com a proteção ambiental e, mais especificamente, com o ciclo hídrico.

A poluição dos recursos hídricos e a sua extração não sustentável não levam em consideração a importância sistemática da água não somente para as gerações atuais e para os ecossistemas do presente, mas também para as gerações futuras.

Há de se enfatizar a atuação de diversos setores da sociedade civil que vêm afirmando a necessidade de preservação do meio ambiente e dos recursos hídricos. Nesse sentido, demonstrando não somente sua preocupação com os cristãos, mas também com todos os membros da humanidade, com os animais, com as plantas e com os ecossistemas que os cercam, o Papa Francisco dedicou a Carta Encíclica *Laudato Si'* à proteção ao meio ambiente. Dessa forma, Vossa Santidade se dirige a todas as pessoas, clamando por maiores esforços para solucionar a crise ambiental que afeta principalmente os mais vulneráveis, os quais não contam com os recursos necessários para se adaptar às mudanças.[10]

---

[10] VATICANO. Carta Encíclica *Laudato Si'*, do Santo Padre Francisco, sobre o cuidado da casa comum, §§13 e 25. Disponível em: <http://w2.vatican.va/content/francesco/pt/encyclicals/documents/papa-francesco_20150524_enciclica-laudato-si.html>. Acesso em: 1/12/2015.

Ainda mais especificamente com relação à água, o Papa Francisco chama atenção para a diminuição da qualidade dos recursos hídricos e para a tendência de considerá-los mercadoria sujeita apenas às leis de oferta e procura; afirma, engrossando o coro do movimento internacional pelo direito à água, que: "o acesso à água potável e segura é um direito humano essencial, fundamental e universal, porque determina a sobrevivência das pessoas e, portanto, é condição para o exercício dos outros direitos humanos".[11]

Ainda, o Papa Francisco menciona a importância da solidariedade intergeracional afirmando que: "o ambiente situa-se na lógica da recepção. É um empréstimo que cada geração recebe e deve transmitir à geração seguinte".[12]

Também acreditamos que as gerações presentes, como parte de uma cadeia geracional, têm obrigações *vis-à-vis* as gerações passadas. De fato, as primeiras herdaram das segundas tanto a possibilidade de usar os recursos hídricos para diversas atividades quanto os saberes relacionados à sua gestão e preservação. Por isso, têm o dever de afirmar o valor intrínseco da água e dos saberes tradicionais, especialmente os provenientes dos povos autóctones e indígenas, no que concerne à utilização sustentável e à conservação dos recursos hídricos. Da mesma forma, as gerações presentes têm o dever perante as gerações futuras de envidar todos os esforços necessários para que os recursos hídricos sejam repassados em um melhor estado ou, no mínimo, nas mesmas condições em que foram recebidos.

Assim, a água, como recurso natural essencial para a sobrevivência da espécie humana e para o bom funcionamento

---

[11] Ibid., §30.
[12] Ibid., §159.

da natureza, pode ser eleita como um dos fatores essenciais de integração entre preocupações sociais e ambientais, bem como entre interesses das gerações passadas, presentes e futuras.

Referências bibliográficas

AMARAL JÚNIOR, Alberto do. *Comércio Internacional e a Proteção do Meio Ambiente*. São Paulo: Atlas, 2011. 426 p.

ANA – Agência Nacional de Águas. *Região Hidrográfica Amazônica:* a maior do mundo em disponibilidade de água. Disponível em: <http://www2.ana.gov.br/Paginas/portais/bacias/amazonica.aspx>. Acesso em: 28/10/2014.

_____. *Curso de Direito Internacional Público*. 3. ed. São Paulo: Atlas, 2012. 752 p.

BARLOW, Maude. *Blue Covenant:* The Global Water Crisis and the Coming Battle for the Right to Water. London: The New Press, 2007.

BECKER, Bertha K. Inclusion of the Amazon in the geopolitics water. In: ARAGÓN, Luis E.; CLUSENER-GODT, Miguel. *Issues of local and global use of water from the Amazon*. Montevideo: UNESCO, 2004. pp. 143-166.

BEDJAOUI, Mohammed. The right to development. In: BEDJAOUI, Mohammed (ed.). *International law:* achievements and prospects. Dordrecht/Paris: UNESCO/Martinus Nijhoff Publishers, 1991. pp. 1177-1203.

BLUEMEL, Erik B. The Implications of Formulating a Human Right to Water. *Ecology Law Quarterly*, v. 31, 2004, p. 42-125.

BOBBIO, Norberto. *O terceiro ausente:* ensaios e discursos sobre a paz e a guerra. Trad. Daniela Beccacia Versiani. Barueri: Manole, 2009.

BROWN WEISS, Edith. Our Rights and Obligations to Future Generations for the Environment. *American Journal of International Law* 84, 1990, pp. 198-207.

_____. The Coming Water Crisis: A Common Concern of Humankind. *Transnational Environmental Law*, v. 1, Issue 01, 2012, p. 154.

_____. The Evolution of International Water Law. *Recueil des cours* (Hague Academy of International Law), v. 331, 2007. pp. 163-404, 320-323.

BROWNLIE, Ian. International law at the fiftieth anniversary of the United Nations, general course on public international law, *R.C.A.D.I.*, v. 255, 1995.

BULTO, Takele Soboka. The Emergence of the Human Right to Water in International Human Rights law: invention or discovery? *Centre for International Governance and Justice Working Paper* n. 7, April 2011, 31 p.

_____. The Human Right to Water in the Corpus and Jurisprudence of the African Human Rights System. *African Human Rights Law Journal*, v. 11, n. 2, 2011.

CAFLISCH, Lucius. Le droit à l'eau – un droit de l'homme internationalement protegé? SFDI. *Colloque d'Orléans, L'eau en droit international.* Paris: Pedone, 2011. pp. 385-394.

COMISSÃO MUNDIAL SOBRE MEIO AMBIENTE E DESENVOLVIMENTO-CMMAD. *Nosso Futuro Comum.* 2. ed. Rio de Janeiro: Editora da Fundação Getúlio Vargas, 1991. 430 p.

COOLEY, John K. The War over Water. *Carnegie Endowment for International Peace, Foreign Policy,* n. 54, 1984. pp. 3-26. Disponível em: <http://www.jstor.org/stable/1148352>. Acesso em: 20/12/2013.

COSGROVE, Catherine E.; COSGROVE, William J. *Global Water Futures 2050:* The Dynamics of Global Water Futures Driving Forces 2011-2050. United Nations World Water Assessment Programme, UNESCO, 2012. Disponível em: <http://unesdoc.unesco.org/ima ges/0021/002153/215377e.pdf>. Acesso em: 5/1/2014.

COULÉE, Frédérique. Rapport général du droit international de l'eau à la reconnaissance internationale d'un droit à l'eau: les enjeux. In: *L'eau en droit international: Colloque d'Orléans* / Société française pour le Droit international. Paris, Pedone, 2011. pp. 9-40.

CUQ, Marie. *L'eau en droit international:* Convergences et divergences dans les approches juridiques. Bruxelles: Larcier, 2013.

D'ISEP, Clarissa Ferreira Macedo. *Água juridicamente sustentável.* São Paulo: Editora Revista dos Tribunais, 2010.

DOMMEN, Caroline. Claiming Environmental Rights: Some Possibilities Offered by the United Nations' Human Rights Mechanisms, 11. *Georgetown International Environmental Law Review* 1, 1998, 47 p.

DUPUY, René-Jean. Humanité et Environnement. *Colorado Journal of International Environmental Law and Policy*, v. 2, n. 2, 1991.

FAO. *Hunger Map 2015 Millennium Development Goal 1 and World Food Summit Hunger Targets.*

FERREIRA, Aurélio Buarque de Holanda. *Novo Dicionário Aurélio da Língua Portuguesa.* 3. ed. Curitiba: Positivo, 2004.

FOOD AND AGRICULTURE ORGANIZATION OF THE UNITED NATIONS-FAO. *Coping with Water Scarcity:*

Challenge of the Twenty-First Century. New York: UN-Water, FAO, 2007.

FREELAND, Steven. Direitos Humanos, Meio Ambiente e Conflitos: Enfrentando os Crimes Ambientais. *SUR – Revista Internacional de Direitos Humanos*, Ano 2, n. 2, pp. 118-145, 2005.

GLEICK, Peter. *The human right to water.* California: Pacific Institute for Studies in Development, Environment, and Security, 1999. pp. 1-15.

HOEKSTRA, A. Y. and others. *Global Monthly Water Scarcity:* Blue Water Footprints versus Blue Water Availability, 2012, PLoS ONE 7(2): e32688.doi:10.1371/journal. pone.0032688, p. 1-9. Disponível em: <http://www.plo sone.org/article/info%3Adoi%2F10.1371%2Fjournal.po ne.0032688#references>. Acesso em: 10/1/2014.

HOMER-DIXON, Thomas F. *Environment, Scarcity, and Violence.* Princeton: Princeton University Press, 1999. p. 16.

HUANG, Ling-Yee. Not Just Another Drop in the Human Rights Bucket: The Legal Significance of a Codified Human Right to Water, 20. *Florida Journal of International Law* 353, 2008, pp. 353-370.

HUMBY, T.; GRANDBOISG, M. The human right to water in South Africa and the Mazibuko decisions. *Les Cahiers de Droit*, 51 (3-4), 2010, pp. 521-540.

INTERGOVERNMENTAL PANEL ON CLIMATE CHANGE-IPCC. *Climate Change 2014:* Impacts, Adaptation, and Vulnerability, p. 234. Disponível em: <http://www.ipcc.ch/pdf/assessment-report/ar5/wg2/ WGIIAR5-Chap3_FINAL.pdf>. Acesso em: 4/11/2014.

KIRSCHNER, Adele J. The Human Right to Water and Sanitation. *Max Planck Yearbook of United Nations Law* 15 (2011), pp. 468-469.

LAFER, Celso. Declaração Universal dos Direitos Humanos (1948). In: MAGNOLI, Demétrio. *História da Paz:* os tratados que desenharam o planeta, de organização. São Paulo: Contexto, 2008. pp. 297-329.

LANGFORD, Malcolm. The United Nations Concept of Water as a Human Right: A New Paradigm for Old Problems? *Water Resources Development*, v. 21, n. 2, pp. 273-282, 2005.

LIMA, Luana Pontes de. A questão da legitimidade democrática de políticas públicas e serviços de água e saneamento: contribuições do novo constitucionalismo latino-americano. In: OLIVEIRA, Germana de; JÚNIOR, William Paiva Marques; MELO, Álisson José Maia (Org.). *As águas da UNASUL na RIO + 20*. Direito fundamental à água e ao saneamento básico, sustentabilidade, integração da América do Sul, novo constitucionalismo latino-americano e sistema brasileiro. Curitiba: CRV, 2013. pp. 211-225.

MATTAR, Mohamed Y. Article 43 of the Arab Charter on Human Rights: Reconciling National, Regional, and International Standards, 26. *Harvard Human Rights Journal* 91, 2013.

_____. A Human Right to Water: Domestic and International Implications, 5. *Georgetown International Environmental Law Review* 1, 1992, pp. 1-24.

McCAFFREY, Stephen C.; NEVILLE, Kate J. Small Capacity and Big Responsibilities: Financial and Legal Implications of a Human Right to Water for Developing Countries, 21.

Georgetown International Environmental Law Review 679, 2009. pp. 679-704.

MEKONNEN, M. M.; HOEKSTRA, A. Y. Mitigating the water footprint of export cut flowers from the Lake Naivasha Basin. *Kenya, Value of Water Research Report Series,* n. 45, UNESCO-IHE, Delft, the Netherlands, 2010.

MINISTÉRIO DO MEIO AMBIENTE. *Consumo Sustentável:* Manual de educação. Brasília: Consumers International/ MMA/ MEC/IDEC, 2005, 162 p. Disponível em: <http:// www.mma.gov.br/estruturas/sedr_proecotur/_publica cao/140_publicacao09062009025910.pdf>. Acesso em: 2/1/2014.

MMA – Ministério do Meio Ambiente. *Água, um recurso cada vez mais ameaçado.* p. 28. Disponível em: <http:// www.mma.gov.br/estruturas/sedr_proecotur/_publica cao/140_publicacao09062009025910.pdf>. Acesso em: 7/12/2015.

MORIN, Edgar. *La Voie* – Pour l'avenir de l'humanité. Paris: Fayard, 2011.

NASSER, Salem Hikmat. Desenvolvimento, costume internacional e soft law. In: AMARAL JÚNIOR, Alberto do (org.). *Direito Internacional e desenvolvimento.* Barueri: Manole, 2005.

OMS – ORGANIZAÇÃO MUNDIAL DA SAÚDE. O *direito à água.* Fact sheet n. 35 – Gabinete do Alto Comissário para os Direitos Humanos (ACNUDH). Programa das Nações Unidas para os Assentamentos Humanos (ONU-Habitat). Disponível em: <http://www.ohchr.org/Docu ments/Publications/FactSheet35en.pdf>. Acesso em: 20/3/2012.

OST, François. A natureza à margem da lei. A ecologia à prova do Direito. Lisboa: Instituto Piaget, 1995. In: RODRGUES, Geisa de Assis. O direito constitucional ao meio ambiente ecologicamente equilibrado. *Revista do Advogado*, São Paulo, v. 29, n. 102, mar. 2009.

OZMANCZYK, Edmund Jan. *Encyclopedia of the United Nations and International Agreements*. Routledge Press, 2002.

PELLET, Alain et autres. *Droit International Public*. 8. ed. Paris: LGDJ, 2009.

PERRONE-MOISÉS, Cláudia. *Direito ao desenvolvimento e investimentos estrangeiros*. São Paulo: Editora Oliveira Mendes, 1998.

PETRELLA, Riccardo. *O manifesto da água:* argumento para um contrato mundial. Trad. Vera Lúcia Mello Joscelyne. Petrópolis: Vozes, 2002.

PFRIMER, Matheus Hoffmann. *A guerra da água em Cochabamba, Bolívia:* desmistificando os conflitos por água à luz da geopolítica. Tese de doutorado apresentada ao Programa de Pós-graduação em Geografia da Universidade de São Paulo. São Paulo, 2009.

RENAULT, Daniel. *Value of Virtual Water in Food:* Principles and Virtues, paper presented at the UNESCO-LHE Workshop On Virtual Water Trade, 12-13, December 2002, Delft, The Netherlands, Land and Water Development Division (AGL), Food And Agriculture Organization of the United Nations. Disponível em: <http://www.unesco.ch/fr/l-unesco/programme-de-science/eau/eau-virtuelle.html>. Acesso em: 23/12/2013.

RIBEIRO, W. C. *Geografia política da água*. São Paulo: Annablume, 2008.

RIVA, Gabriela Rodrigues Saab. *Le développement normatif du droit à l'eau et ses rapports avec le droit à l'alimentation.* Tese apresentada no âmbito do Master Complémentaire en Droits de l'Homme da Université Catholique de Louvain (BE). Bruxelas, 2013.

SANDS, Philippe. *Principles of International Environmental Law.* 2. ed. England: Cambridge University Press, 2003. 1116 p.

SHELTON, Dinah. Human Rights And The Environment: What Specific Environmental Rights Have Been Recognized?, 35. *Denver Journal of International Law* 129, 2006, pp. 129-171.

_____. Human Rights, Environmental Rights, and the Right to Environment, 28. *Stanford Journal of International Law* 103, 1991, pp. 103-138.

SHIVA, Vandana. *Guerras por água:* privatização, poluição e lucro. Trad. Geoges Kormikiaris. São Paulo: Radical Livros, 2006. 178 p.

SMETS, Henri. Rights and duties associated with the right to water. In: FISCHER-LESCANO, A. et al (ed.). *Frieden und Freiheit, Festschrift für Michael Bothe zum 70.* Geburtstag. Nomos, Baden-Baden, 2008, pp. 711-750.

SPIELER, Paula. The La Oroya Case: the Relationship Between Environmental Degradation and Human Rights Violations. *Human Rights Brief,* v. 18, issue 1, p. 18-23, 2010. Disponível em: <http://digitalcommons.wcl.ameri can.edu/cgi/viewcontent.cgi?article=1148&context=hr brief>. Acesso em: 14/10/2013.

TULLY, S. A Human Right to Access Water? A Critique of General Comment n. 15. *Netherlands Quarterly of Human Rights,* v. 23, n. 1 (2005), pp. 35-63.

UNICEF-WHO. *Progress on sanitation and drinking water* – 2015 update and MDG assessment. Disponível em: <http://www.unicef.org/publications/files/Progress_on_Sanitation_and_Drinking_Water_2015_Update_.pdf>. Acesso em: 12/12/2015.

UNITED NATIONS CHILDREN'S FUND-UNICEF. *Fact sheet – Child Survival Fact Sheet:* Water and Sanitation. New York. Disponível em: <http://www.unicef.org/media/media_21423.html>. Acesso em: 12/1/2014.

UNITED NATIONS ENVIRONMENT PROGRAMME-UNEP. *GEO-3: Global Environment Outlook, State of the Environment and Policy Retrospective:* 1972-2002. Disponível em: <http://www.unep.org/geo/geo3/english/index.htm>. Acesso em: 21/12/2013.

VATICANO. *Carta Encíclica Laudato Si'* do Santo Padre Francisco sobre o Cuidado da Casa Comum, §§13 e 25. Disponível em: <http://w2.vatican.va/content/francesco/pt/encyclicals/documents/papa-francesco_20150524_enciclica-laudato-si.html>.

WINKLER, Inga. Judicial Enforcement of the Human Right to Water – Case Law from South Africa, Argentina and India, 2008 (1). *Law, Social Justice & Global Development Journal (LGD).* Disponível em: <http://www.go.warwick.ac.uk/elj/lgd/2008_1/winkler>. Acesso em: 11/12/2013.

_____. *The Human Right to Water:* Significance, Legal Status and Implications for Water Allocation. Oxford and Portland, Oregon: Hart Publishing, 2012.

WITTFOGEL, Karl A. *Oriental despotism:* a comparative study of total power. New Haven: Yale, University Press, 1957.

WOLKMER, Maria de Fàtima S.; PETTERS MELO, Milena. O direito fundamental à àgua: convergências no plano internacional e constitucional. In: BRAVO, Álvaro Sánchez (Org.). *Agua & Derechos Humanos*. Sevilla: ArCiBel Editores, 2012.

WORLD HEALTH ORGANIZATION-WHO. *Progress on Driking Water and Sanitation* – 2014 update. World Health Organization, UNICEF, 2014, p. 6. Disponível em: <http://www.who.int/water_sanitation_health/publications/2014/jmp-report/en/>. Acesso em: 4/11/2014.

_____. *Progress on Driking Water and Sanitation* – Special focus on Sanitation. World Health Organization, UNICEF, 2008, 58 p. Disponível em: <http://www.who.int/water_sanitation_health/monitoring/jmp2008/en/index.html>. Acesso em: 10/1/2014.

_____. *Water, Sanitation And Hygiene Links To Health, Facts And Figures*. Geneva, 2004. Disponível em: <http://www.who.int/water_sanitation_health/en/factsfigures04.pdf>. Acesso em: 22/11/2013.

_____; UN-WATER. *Global Annual Assessment of Sanitation and Drinking-Water (GLAAS):* Targeting Resources for Better Results. Geneva, 2010. Disponível em: <http://www.unwater.org/activities_GLAAS2010.html>. Acesso em: 10/1/2014.

Sites da internet

African Court on Human and People's Rights – AFCHPR (Corte Africana de Direitos Humanos e dos Povos): <www.african-court.org/en>.

BBC News: <news.bbc.co.uk>.

Centre National de la Recherche Scientifique: <www.cnrs.fr>.

Corte Interamericana de Direitos Humanos: <www.corteidh.or.cr>.

Council of Europe (Conselho da Europa): <www.coe.int>.

Cour d'Arbitrage de Belgique (Corte de Arbitragem Belga): <www.const-court.be/public/f/1998/1998-036f.pdf>.

Folha de S.Paulo: <www.folha.uol.com.br>.

France Libertés (Fundação Danielle Miterrand): <www.france-libertes.org>.

GDDC Portugal: <www.gddc.pt/default.asp>.

Intergovernmental Panel on Climate Change – IPCC (Painel Intergovernamental sobre Mudanças Climáticas): <www.ipcc.ch/>.

International Court of Justice – ICJ (Corte Internacional de Justiça – CIJ): <www.icj-cij.org>.

International Law Association – ILA (Associação de Direito Internacional): <www.ila-hq.org/>.

L'Institut européen de recherche sur la politique de l'eau: <ierpe.eu/>.

Mercosul: <www.mercosul.gov.br>.

Ministério das Relações Exteriores – MRE: <www.itamaraty.gov.br>.

Ministério do Meio Ambiente – MMA: <www.mma.gov.br>.

Ministry of Law and Justice – Government of India (Ministério da Justiça do Governo da Índia): <indiacode.nic.in>.

Portal da Legislação – Presidência da República: <www.planalto.gov.br>.

Public Citizen: <www.citizen.org>.

South African Government Information: <www.info.gov.za>.

The Guardian: <www.theguardian.com>

The National Geographics: <newswatch.nationalgeographic.com>.

United Nations Educational, Scientific and Cultural Organization – UNESCO: <www.unesco.org>.

World Health Organization – WHO (Organização Mundial da Saúde): <www.who.int>.

World Water Council (Conselho Mundial da Água): <www.worldwatercouncil.org>.

Anexos

Proposta de Emenda à Constituição n. 39 de 2007

(do Sr. Raimundo Gomes de Matos e outros)

Dá nova redação ao art. 6º da Constituição Federal.

As mesas da Câmara dos Deputados e do Senado Federal, nos termos do art. 60 da Constituição Federal, promulgam a seguinte emenda ao texto constitucional:

Art. 1º O art. 6º da Constituição Federal passa a vigorar com a seguinte redação:

> Art. 6º São direitos sociais a educação, a saúde, o trabalho, a moradia, a água, o lazer, a segurança, a previdência, a assistência aos desamparados, na forma desta Constituição (NR).

Art. 2º Esta Emenda Constitucional entra em vigor na data de sua publicação.

Justificação

A água é um bem imprescindível e insubstituível e, exatamente por isso, é considerada um bem natural. Ninguém pode ser privado do acesso à água sob pena de ser violentado em sua natureza. O não acesso à água põe em risco o direito fundamental à integridade física, à saúde e à vida.

Da mesma forma como se reconhece o direito à alimentação, à moradia, ao lazer, à saúde, à educação, o acesso à água potável e de boa qualidade também é um direito fundamental porque está intimamente relacionado com o direito à vida. O direito à água é, portanto, um direito humano.

Reconhecer a água como um direito humano fundamental implica que o Estado deva ser responsabilizado pelo seu provimento para toda a população. E implica, também, que o acesso à água não pode estar sujeito às estritas regras de mercado, mas à lógica do direito.

A água deve, então, ser, antes de tudo, considerada um bem social e não um bem econômico, porque como bem econômico ela é passível de transações comerciais e o preço praticado poderia constituir-se em barreira à utilização desse bem essencial pelos mais pobres ou onerar, significativamente, os orçamentos familiares, comprometendo, assim, a qualidade de vida das pessoas.

A água é um recurso vulnerável e cada vez mais escasso. A população mundial saltou de 2,5 bilhões em 1950 para mais de 6 bilhões hoje. No entanto, o suprimento de água por pessoa teve uma redução da ordem de 58%.

O discurso da escassez da água tem levado, porém, à discussão ambígua e perigosa de que a água deve ser tratada não como um direito fundamental, mas como um bem econômico, abrindo-se, então, a brecha para a inclusão da água no rol das mercadorias sujeitas às leis do mercado.

No bojo dessa discussão equivocada estão os interesses dos Estados e dos grupos econômicos que vislumbram no comércio deste bem escasso um nicho de alta lucratividade.

É fundamental, portanto, recusar qualquer forma de privatização e de mercantilização da água. Ela é um bem comum.

O direito à água não é, porém, um direito ilimitado. Restringe-se a uma quantidade suficiente para garantir as necessidades básicas da pessoa humana. Estudos efetuados pelo Banco Mundial e Organização Mundial de Saúde sugerem que "a quantia de água recomendada por pessoa varia entre 20 e 40 litros/dia, não se incluindo água para cozinhar e para a limpeza básica. Isto significa que cada ser humano teria o direito a receber, pelo menos, 40 litros/dia de água potável, independentemente de qualquer pagamento".

Outros estudos sugerem como "padrão mínimo o fornecimento gratuito de 50 litros/dia, sendo 5 litros para dessedentação, 20 litros para serviços sanitários, 15 litros para banho e 10 para cozinhar". Valores esses aplicados em condições climáticas normais e em níveis de atividades moderadas. Estudos aprofundados, levando em consideração a realidade brasileira, para a determinação dos "padrões mínimos", terão que ser realizados para servirem de base no processo de regulamentação deste dispositivo constitucional.

O reconhecimento da água como direito humano básico e a sua inserção no texto constitucional – objeto da presente PEC – não é, porém, suficiente para assegurar o acesso de todos a este recurso. Outros mecanismos terão que ser acionados para que os governos locais garantam o seu cumprimento.

Em face do exposto, parece-nos muito clara a importância da água para a vida, para a saúde, para o bem-estar e para o desenvolvimento da pessoa humana.

Sala das sessões, em 2007

Deputado Raimundo Gomes de Matos

Proposta de Emenda à Constituição n. 213 de 2012

(da Sra. Janete Rocha Pietá e outros)

Dá nova redação ao art. 6º da Constituição Federal, para incluir o acesso à água como um direito social.

As mesas da Câmara dos Deputados e do Senado Federal, nos termos do §3º do art. 60 da Constituição Federal, promulgam a seguinte emenda ao texto constitucional:

Art. 1º Esta Emenda Constitucional dá nova redação ao art. 6º da Constituição Federal, para incluir o acesso à água como um direito social.

Art. 2º O art. 6º da Constituição Federal passa a vigorar com a seguinte redação:

> Art. 6º São direitos sociais o acesso à água, a educação, a saúde, a alimentação, o trabalho, a moradia, o lazer, a segurança, a previdência social, a proteção à maternidade e à infância, a assistência aos desamparados, na forma desta Constituição (NR).

Art. 3º Esta Emenda Constitucional entra em vigor na data de sua publicação.

Justificação

O debate sobre o uso da água ganhou espaço nos diversos setores, com especial destaque quanto à sua função social, gestão e destinação da água potável.

A Constituição brasileira refere-se ao uso da água no seu art. 20, nos seguintes termos:

> Art. 20 São bens da União:
>
> III – os lagos, rios e quaisquer correntes de água em terrenos de seu domínio, ou que banhem mais de um Estado, sirvam de limites com outros países, ou se estendam a território estrangeiro ou dele provenham, bem como os terrenos marginais e as praias fluviais;

Ainda, na Carta Política, encontramos outra referência sobre a água no art. 26:

> Art. 26 Incluem-se entre os bens dos Estados:
>
> I – as águas superficiais ou subterrâneas, fluentes, emergentes e em depósito, ressalvadas, neste caso, na forma da lei, as decorrentes de obras da União;

Como se observa, a abordagem da Constituição Federal atribui à água a condição de um bem estatal, um bem público a que todos têm direito e acesso, porém, a legislação federal será enriquecida com a caracterização da água como um bem de função social. A gestão dos recursos hídricos, como função social para o desenvolvimento sustentável, é uma solução que vem sendo apresentada para o uso eficiente. A citar a Declaração Universal dos Direitos da Água, que diz em seu art. 9º que "a gestão da água impõe um equilíbrio entre os imperativos de sua proteção e as necessidades de ordem econômica, sanitária e social".

No contexto internacional, a Assembleia-Geral da Organização das Nações Unidas/ONU, no ano de 2010, reconheceu, explicitamente, o direito humano à água e saneamento; e que água potável e saneamento são essenciais para a realização de todos os direitos humanos.

No entanto, 89% da população mundial utilizam fontes tratadas de água e 783 milhões de pessoas ainda estão sem acesso à água potável. Apenas 63% das pessoas no mundo agora têm acesso a saneamento básico, um quadro projetado para aumentar para 67% até 2015, bem abaixo dos 75% estabelecidos pelo Objetivo de Desenvolvimento do Milênio.

Hoje, 1,6 bilhão de pessoas vivem em região com escassez absoluta de água. Até 2025, dois terços da população mundial podem ser afetados pelas condições críticas da água. 828 milhões de pessoas vivem em condições de favela, faltando serviços básicos como água potável e saneamento. Esse número aumenta até 6% a cada ano e vai atingir um total de 889 milhões até 2020. Portanto, um cenário mundial com dados que servem como alerta para elaboração de políticas sustentáveis em favor do acesso global a água potável de qualidade.

Em virtude disso, referencio a Resolução da Conferência das Nações Unidas sobre Desenvolvimento Sustentável, Rio+20, sobre a água. Dada a importância da decisão da Conferência sobre a água, transcrevo-a na íntegra. Desta forma, manifesto total apoio as deliberações, abaixo destacadas.

> Nós reiteramos a importância do direito à água potável segura e limpa e saneamento como um direito humano que é essencial para se ter uma vida plena e para que se cumpram todos os direitos humanos. Além disso, reiteramos a crucial importância dos recursos hídricos para o desenvolvimento sustentável, incluindo a erradicação da pobreza e da fome, a saúde pública, a segurança alimentar, a energia hidrelétrica, a agricultura e o desenvolvimento rural. Nós reconhecemos a necessidade de estabelecer metas para o gerenciamento de dejetos de recursos hídricos, incluindo a redução da poluição da água por fontes domésticas, industriais e agrícolas e a promoção da eficiência hídrica, águas de esgoto, tratamento e o uso de águas de esgoto como um recurso, em particular para a expansão de áreas urbanas.
>
> Nós renovamos nosso compromisso firmado no Plano de Implementação de Joanesburgo (JPOI) com relação ao desenvolvimento e à implementação de gerenciamento integrado de recursos hídricos e planos de eficiência hídrica.

Reafirmamos nosso compromisso com o a Década Internacional 2005-2015 para Ação "Água para Vida". Encorajamos as iniciativas de cooperação para gerenciamento de recursos hídricos em particular através do desenvolvimento de capacidade, da permuta de experiências, das melhores práticas e lições aprendidas, assim como o compartilhamento de sólidas tecnologias e know-how ambientalmente apropriados.

Nesse contexto, o Brasil tem 12% da água doce mundial, o que significa que temos o maior potencial hídrico do Planeta. Esse fato transfere para nós a responsabilidade de gerir, distribuir e preservar este recurso que é tão almejado por vários povos da Terra. A água é essencial à vida, devendo ser considerado item básico de consumo, um direito social. Com isso deve ser disponibilizada para todos os cidadãos, potável e com qualidade.

Os benefícios do consumo diário de água potável para saúde são inúmeros. Fonte de energia vital, a água é rica em sais minerais e é considerada o principal hidratante para o corpo, estimulando o bom funcionamento do organismo. O seu tratamento deve ser uma preocupação constante para evitar a presença de elementos nocivos à saúde, a contaminação e o surgimento de doenças. Além do mais, hoje a água é tida como o bem mais precioso e, por meio dela, é que se produzem e se reproduzem todos os elementos essenciais para a existência no Planeta.

Por este motivo, conto com o apoio dos ilustres pares no Congresso Nacional para a aprovação desta proposta de emenda à Constituição.

Sala das sessões, em 31 de outubro de 2012

Deputada Janete Rocha Pietá

Impresso na gráfica da
Pia Sociedade Filhas de São Paulo
Via Raposo Tavares, km 19,145
05577-300 - São Paulo, SP - Brasil - 2016